Django 3－從平凡到超凡

Python 架站實作演練

唐元亮　編著

全華圖書股份有限公司　印行

國家圖書館出版品預行編目(CIP)資料

Django 3 從平凡到超凡 : Python 架站實作演練 /
唐元亮編著. -- 初版. -- 新北市 : 全華圖書,
2020.02
面 ; 公分
ISBN 978-986-503-347-7(平裝)

1.Python(電腦程式語言)

312.32P97 109001951

Django 3－從平凡到超凡

Python 架站實作演練

作者 / 唐元亮

執行編輯 / 李慧茹

封面設計 / 蕭暄蓉

發行人 / 陳本源

出版者 / 全華圖書股份有限公司

郵政帳號 / 0100836-1 號

印刷者 / 宏懋打字印刷股份有限公司

圖書編號 / 06423

初版一刷 / 2020 年 03 月

定價 / 新台幣 380 元

ISBN / 978-986-503-347-7

全華圖書 / www.chwa.com.tw

全華網路書店 Open Tech / www.opentech.com.tw

若您對書籍內容、排版印刷有任何問題，歡迎來信指導 book@chwa.com.tw

臺北總公司(北區營業處)
地址：23671 新北市土城區忠義路 21 號
電話：(02) 2262-5666
傳真：(02) 6637-3695、6637-3696

中區營業處
地址：40256 臺中市南區樹義一巷 26 號
電話：(04) 2261-8485
傳真：(04) 3600-9806

南區營業處
地址：80769 高雄市三民區應安街 12 號
電話：(07) 381-1377
傳真：(07) 862-5562

序言

「Django 3 —從平凡到超凡」是一本探討動態網頁開發技術的書籍，內容涵蓋非常完整，議題包括網際網路概念、系統開發環境設置、Django 的觀念與技術、動態網頁開發的相關知識、版本控制與雲端部署等，一步一步由淺入深引導讀者建置一個雲端部落格系統。過程中，不僅詳細說明系統開發的步驟，更加入了許多系統開發概念的分析及闡述，這是本書和一般書籍非常不一樣的地方：觀念與技術並重，這讓讀者在熟練技術的過程中，也能正確的了解系統開發的觀念。

Django 是以 Python 語言為基礎的高階框架，使用 Django 讓您獲得超乎想像的開發速度，所產生的系統不僅安全性高，且因 Django 簡單而乾淨的設計，使您的系統具有良好的架構，未來不僅維護容易，更具有卓越的延展性，是個非常優雅且效能極高的開發框架。本書以 Django 為基礎，透過開發一套完整的部落格系統來熟悉 Django 各方面的功能；反過來說，也利用 Django 優越的特性，來了解系統開發的正確觀念與作法。如果您準備好了，我們就一同進入 Django 的夢幻領域吧！

先修課程

本書假設讀者已熟悉 Python 3 程式語言以及 HTML 與 CSS 網頁技術。

本書特色

- 系統開發步驟與說明非常詳盡：讓讀者了解系統設計與規劃的觀念。
- 在必要之處加入備註：以備註方式深入探討或說明某些議題，以提供額外資訊或解釋較為深入的概念。
- 涵蓋議題超越 Django：在必要之處也加入了許多開發者需要具備的知識或技術，這些已超出了 Django 的範疇，但卻是系統開發過程中必定會面臨的問題，應該要一併了解。
- 內容適合初學者：因為作者在大學授課，多年的授課經驗讓本書的內容一再修正與淬鍊，非常適合初學者。
- 內容適合專業人士：因為作者多年執行產學合作計畫，帶領團隊為許多公司或機構開發資訊系統，所使用的都是最新而實務的技術，並且均符合業界標準，非常適合專業人士參考。

- 最佳的技術選擇、運用與導入：如何運用 Django 或其他工具或技術，其實都是程式設計師主客觀的選擇。在系統開發過程中，程式設計師常常面臨如何選擇工具或如何導入某項技術等問題。就此問題，作者均客觀分析相關工具或技術，並且一再搜尋、比較、測試與調校，務必去蕪存菁，以達到最佳的搭配與最少量的安裝。因此，本書所採用的技術與工具都算是最佳化了。

系統開發所使用的工具

- 作業平台：Ubuntu, Windows, Mac
- 整合式開發環境 (Integrated development environment, IDE)： Eclipse
- 後端程式語言：Python 3
- 後端 Web 框架 (Web framework)：Django 3
- 資料庫系統：Postgres
- 前端網頁相關技術： HTML, CSS, JavaScript
- 版本控制 (Version control) 服務：Github
- PaaS 雲端服務：Heroku

本書內容慣例

- 字體格式
  - `User inputs`：使用者的輸入
  - `System messages`：系統回覆的訊息
  - *Files or directories*：目錄或檔案
  - `Code`：程式碼
  - **`Important, added, or modified code`**：重要、新增或修改的程式碼

- 在需要之處會加上「備註」，以說明或深入探討某議題，樣式如下：

備註：

- 本書裡的指令行、相關檔案與各章節所完成的 blog 專案均存放在 http://yltang.net/django-book/，讀者可以參考

附註

- 歡迎您對本書內容提供指正或建議，請直接以電子郵件 yltang52@gmail.com 聯絡作者
- 感謝我的學生張庭綺、劉曄珊、江伶娸、劉靜瑜、王智遠與林靖哲協助設計、編輯與校正本書
- 感謝我的另一半提供許多頁面元素及網頁設計的想法，更重要的，一直以來對我的支持
- 謹將本書獻給我敬愛的父親以及所有我親愛的家人

目錄

序言 i

Chapter 1 全球網簡介

1.1 全球網簡介 1-2
1.2 資訊系統演進 1-3
1.3 動態網頁系統架構 1-4
1.4 動態網頁系統開發的相關技術及工具 1-5
1.5 練習 1-6

Chapter 2 設定開發環境

2.1 應用程式的開發、測試與營運 2-2
2.2 Django 框架簡介 2-3
2.3 設定開發環境 2-5
2.4 練習 2-19

Chapter 3 建立新專案

3.1 建立新專案 3-2
3.2 建立資料庫 3-9
3.3 資料庫遷移 3-13
3.4 啓動伺服器並測試 3-14
3.5 Model-view-controller（MVC）軟體架構模式 3-18
3.6 專案的組成要件 3-20
3.7 小結：建立新專案的程序 3-21
3.8 練習 3-22

Chapter 4 版本控制

4.1 版本控制簡介 4-2
4.2 將專案納入版本控制 4-3
4.3 版本控制流程範例 4-6

Contents

4.4 練習 4-9

Chapter 5 部落格系統

5.1 系統功能規劃 5-2
5.2 Django 處理 HTTP 請求的程序 5-2
5.3 建立一個新 App 5-4
5.4 小結：建立新 App 程序 5-13
5.5 練習 5-13

Chapter 6 範本與靜態檔

6.1 範本系統 6-2
6.2 範本標籤 6-6
6.3 網頁連結 6-8
6.4 伺服器架構 6-13
6.5 發表文章功能 6-19
6.6 練習 6-22

Chapter 7 範本繼承

7.1 三振法則 7-2
7.2 基礎範本 7-2
7.3 範本繼承 7-4
7.4 練習 7-5

Chapter 8 資料模型

8.1 關聯式資料庫 8-2
8.2 建立資料模型 8-4
8.3 資料庫遷移 8-7
8.4 管理者頁面 8-9
8.5 Django 的資料庫操作程式 8-11

Contents

8.6 資料填充 8-12
8.7 客製化管理者頁面 8-19
8.8 增加 Model 欄位 8-22
8.9 重建資料庫 8-26
8.10 練習 8-28

Chapter 9 顯示部落格文章

9.1 在部落格頁面顯示文章 9-2
9.2 在每篇文章下方顯示所屬留言 9-7
9.3 練習 9-10

Chapter 10 表單

10.1 表單簡介 10-2
10.2 建立 Django 表單 10-4
10.3 新增文章 10-7
10.4 訊息框架 10-22
10.5 閱讀文章 10-24
10.6 修改文章 10-28
10.7 刪除文章 10-34
10.8 搜尋文章 10-38
10.9 增讀改刪查大功告成 10-44
10.10 練習 10-45

Chapter 11 使用者認證

11.1 使用者認證功能 11-2
11.2 訪客註冊 11-7
11.3 會員登入 11-13
11.4 會員登出 11-17
11.5 練習 11-19

Contents

Chapter 12 按讚與留言

12.1 資料庫的多對多欄位 12-2
12.2 顯示留言者 12-6
12.3 新增留言 12-11
12.4 修改留言 12-13
12.5 刪除留言 12-17
12.6 練習 12-20

Chapter 13 存取限制

13.1 資訊安全 13-2
13.2 未登入者存取限制 13-2
13.3 非管理者存取限制 13-7
13.4 網頁的存取限制 13-9
13.5 練習 13-10

Chapter 14 部署專案

14.1 雲端運算 14-2
14.2 Heroku 相關設定 14-3
14.3 撰寫雲端填充程式 14-7
14.4 遷移檔案納入版本控制 14-7
14.5 部署至 Heroku 14-8
14.6 後續部署 14-13
14.7 練習 14-13

Chapter 1

全球網簡介

學習目標

- 了解全球網的發展
- 全球網的通訊協定
- 發布網站的方式
- 資訊系統的演進
- 主從式通訊架構
- 動態網頁系統開發的技術

1.1 全球網簡介

全球網的發展

所謂「網際網路」（Internet）是指連結全球網路的網路，透過 TCP/IP 通訊協定相互連結，形成國際網絡。全球網（World Wide Web, WWW）是網際網路的一部分，它包含了文字、影像、聲音，而且可以整合網路上其他的服務。

網際網路的起源可追溯到 1960 年，美國麻省理工學院教授 J.C.R. Licklider 開始發想 Galactic Network，這就是網際網路的前身。並由美國國防部先進研究計畫局（Advanced Research Project Agency, ARPA）開始發展，該單位將大學及研究機構的電腦以網路連結，稱爲 ARPANET，當時僅允許大學及研究機構使用。到了 1980 年代，由於區域網路及個人電腦大爲風行，促使美國開放了網際網路（Internet）的商業應用。到了 1990 年代，研究學者 Tim Berners-Lee 在歐洲粒子物理實驗室（European Laboratory for Particle Physics, CERN）研發全球網，主要目的是訂定一個文件的標準格式，以方便資訊的流通。在全球網上的一份文件稱爲「網頁」（Web page），可利用統一資源定位（Uniform resource locator, URL）的位址找到。網頁內容主要是透過超文件標示語言（Hypertext markup language, HTML）來格式化，內容可包含圖片、影片、聲音和軟體元件，這些元素共同組成了多媒體網頁，不僅資訊豐富，且互動功能強大。

網頁及其相關檔案在網際網路中所存在的地方稱爲網站（Web site），使用者可以透過網站來發布自己想要公開的資訊，或者利用網站來提供相關的網路服務。網站可以屬於一個組織、企業或個人，依不同目的來架設，並利用網站來進行宣傳、產品資訊發布或人才招募等等。網頁的內容是透過瀏覽器（Browser）來呈現，使用者可在瀏覽器輸入網頁的 URL 位址或者點選網頁中的連結來對網站伺服器發出請求。網站伺服器在接收到瀏覽器的請求時，會回覆一份網頁與相關資訊，使用者就可以獲得所需要的資訊。

URL 由 2 個部分組成，包括通訊協定（通常是 HTTP）及網站伺服器域名（Domain name）或網際網路協定位址（Internet protocol address, IP address）。域名是能識別網路上伺服器的唯一位址，例如：https://www.google.com 或 http://74.125.203.103/，也稱爲網頁位址（網址）。通訊協定主要有兩種，一種是超文件傳輸協定（Hypertext transfer protocol, HTTP），可傳輸網頁的通訊協定，格式爲 http://。另一種是安全超文件傳輸協定（Hypertext transfer protocol secure, HTTPS），格式爲 https://，可以提供安全性更高的網際網路連結。

網站發布

網站發布（Publish the web site）是指將網頁上傳至網站伺服器，讓一般大眾能透過網路讀取資料，網站發布可以透過以下幾種方式：

- 自行架設網站伺服器

  如果想自行架設網站伺服器，須在電腦安裝網站伺服器軟體，並連接固定 IP 之網址，即可提供大眾讀取網頁及相關資料。此種方式可編輯靜態網頁資料，也可撰寫程式以開發動態網頁系統（Dynamic web page systems, web systems），網站開發自由度較高。不過，使用者需自行負責伺服器的安裝、安全、維護、效能、資料備份等工作。

- 網站託管

  網站託管（Web hosting）是將網頁及相關檔案上載至網際網路服務供應商（Internet service provider, ISP）所提供的網站伺服器空間，即可提供大眾讀取。這種網站通常僅包含靜態資料，有關伺服器的安裝、安全、維護、效能、資料備份等工作則由供應商負責，使用者只需維護網頁資料即可。

- 雲端平台服務

  第三種方式是採用雲端平台服務（Platform as a service, PaaS），經由此服務可編輯靜態網頁資料，也可撰寫程式以開發動態網頁系統，然後部署到供應商所提供的環境。供應商負責伺服器軟硬體基礎設施，包括作業系統、資料庫、網路、儲存空間、安全、維護、效能、資料備份等，開發者僅需要維護自己的網頁資料及系統即可。

1.2 資訊系統演進

資訊系統演進有以下幾個階段：

1. **文字介面**

   多數的作業系統都有一個純文字的操作環境，早期在 UNIX、DOS 或 Linux 之文字介面環境中執行程式，所有的指令、輸入及輸出資料均爲文字。

2. **圖形介面**（Graphical user interface, GUI）

   主要用於桌上型或筆記型電腦，系統的操作以圖形元件控制（例如按鈕、選單等），亦有圖形化輸出，視覺效果更佳。

3. **動態網頁系統**（Web systems）

因應網際網路的盛行，使用者與網站的互動越來越多，因此需要動態網頁系統，以提供各種資料處理、整合或搜尋的服務。

4. **行動裝置**（App）

圖形介面程式安裝在行動裝置上，達到程式隨行的目標，使用者可以不受地點的限制使用各種資訊服務。

5. **雲端運算**（Cloud computing）

將軟體與資料均存放在雲端，使用者只要透過瀏覽器，即可使用各種資訊服務，且無需安裝其他軟體，大大提昇便利性。此外，雲端服務採用「按需付費」的方式，用多少就付多少，更可大量減少成本與閒置資源。

1.3 動態網頁系統架構

動態網頁系統屬於主從式架構（Client/server architecture），客戶端的瀏覽器向伺服器發出請求，伺服器回覆客戶所需求的網頁或資料。這種架構分爲二層（Two-tier）、三層（Three-tier）或多層式（Multi-tier）架構。

二層式架構

客戶端瀏覽器透過 HTTP 協定向伺服器提出請求（Request），並負責格式化及呈現所回覆的網頁，而伺服器端則處理及回應（Response）客戶端之請求，如圖 1.1 所示。

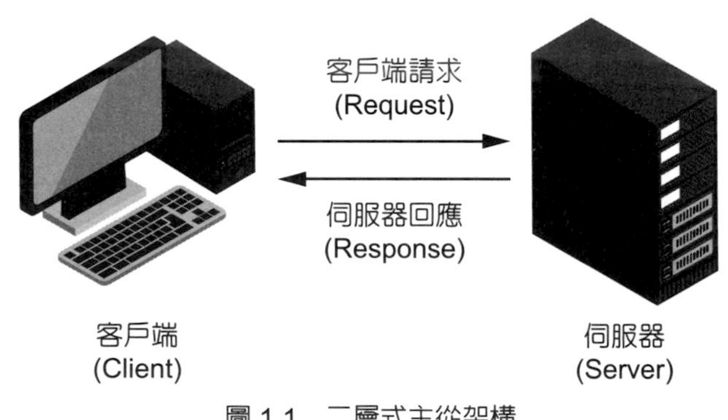

圖 1.1　二層式主從架構

三層或多層式架構

由客戶端、伺服器端、再加上資料庫或其他應用系統即成為三層或多層式架構。三層式架構包括客戶層、處理層與資料儲存層，如圖 1.2 所示。客戶層提出請求並傳送至處理層，處理層接收並處理請求，必要時從資料儲存層中讀出或寫入資料，然後將結果傳送給客戶層。至於資料儲存層則會在資料庫中存取資料，並回覆處理層之要求。處理層及資料儲存層也可以在同一部電腦。

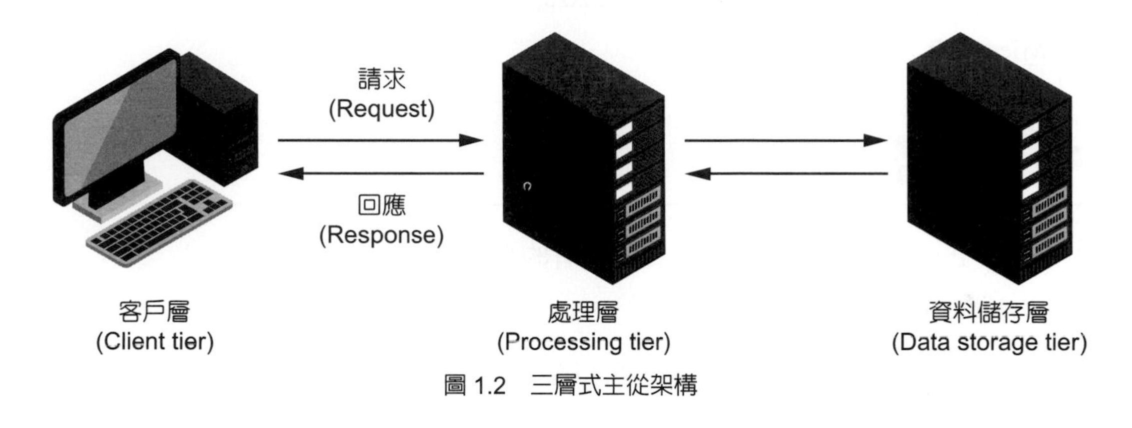

圖 1.2　三層式主從架構

1.4　動態網頁系統開發的相關技術及工具

動態網頁系統可以分為前端（Front-end）與後端（Back-end）兩部分，亦稱為客戶端（Client-side）與伺服器端（Server-side）。

前端包括以下技術與工具：

- 瀏覽器：Firefox, Chrome, Opera, Safari, Internet Explorer (IE), Edge, ……
- 瀏覽器內容格式顯示語言：HTML, CSS
- CSS 預處理器（Preprocessor）：Sass, Less, Stylus, ……
- CSS 框架（Framework）：Bootstrap, Foundation, ……
- 前端程式語言：JavaScript, ……
- JavaScript 函式庫：jQuery
- JavaScript 框架：Angular, React, Vue, Backbone, Ember, ……

後端則包括以下技術或工具：

- 網站伺服器：Apache, Nginx, Gunicorn, MS IIS, ……

- 後端程式語言：PHP, JSP, ASP, Perl, Python, Ruby, Node.js, ……
- 資料庫：Postgres, MySQL, MS SQL, Oracle, ……
- 動態網頁系統開發框架（Web framework）：
    - PHP：Laravel, CakePHP, CodeIgniter, Prado, Symfony, Yii, Zend, ……
    - JSP：Struts 2, JSF, Spring MVC, Wicket, ……
    - Python：Django, Flask, Grok, Pylons, TurboGears, web2py, Zope2, ……
    - Ruby：Ruby on Rails, Camping, Ramaze, ……
    - Microsoft：ASP.NET

1.5 練習

1. 如果對於 Python 不甚熟悉，可以參考作者的網路教材：
   http://yltang.net/tutorial/python/
2. 如果對於 HTML 與 CSS 不甚熟悉，可以參考作者的網路教材：
   http://yltang.net/tutorial/webdesign/

Chapter 2

設定開發環境

學習目標

- 系統的開發、測試與營運
- Django 框架
- 開發環境的設定
- 程式語言與資料庫系統的安裝
- 整合式開發環境

2.1 應用程式的開發、測試與營運

應用程式的開發首先需要規劃系統功能與規格，有了系統規格後，會經過三個階段來完成系統：系統開發、系統測試與系統上線正式營運，如圖 2.1 所示。其中，每個階段都有其所屬環境，在該環境中有需要使用的各種工具以及較為側重的工作，分述如下。

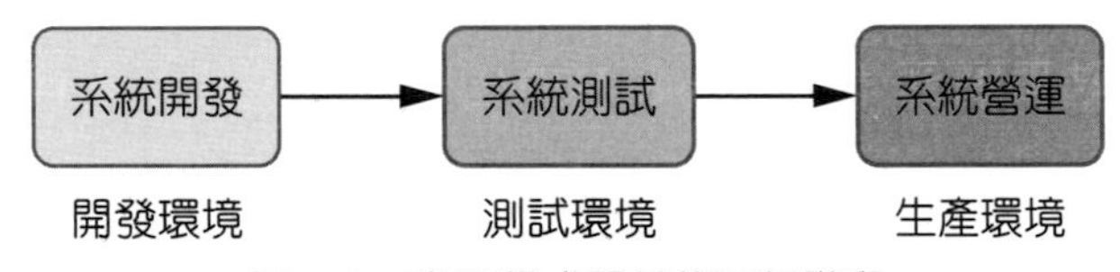

圖 2.1　應用程式開發的三個階段

開發環境（Development environment）：開發應用程式的環境，包含以下工具

- 執行環境（即前端與後端程式語言及所使用的各種套件）
- 整合式開發環境（Integrated development environment, IDE）
- 開發用資料庫系統
- 版本控制

測試環境（Testing environment）：測試應用程式的環境，包含以下工具

- 執行環境
- 測試工具
- 開發用資料庫系統
- 版本控制

生產環境（Production environment）：應用程式正式上線的環境，包含以下工具及工作

- 執行環境
- 版本控制
- 生產用資料庫系統
- 系統日誌
- 效能、流量、負載平衡監控
- 資料備份
- 安全監控

以上三種環境中，最重要的是各個環境中的執行環境必須完全相同，這樣系統的運行才會一致。相同的應用程式在不同的執行環境可能會有不同的執行結果，甚至發生不同的錯誤。因此，確立執行環境一致是相當重要的工作。執行環境的各種套件規格由開發者決定，並且同步到測試與生產環境。以動態網頁程式開發而言，最主要的套件就是框架（Framework）了。

備註：版本控制

版本控制（Version control）是有系統地記錄資料或程式異動的內容、時間、異動者等，讓系統開發歷程有完整的紀錄，每次資料異動就會產生一個新版本，如果某些異動是錯誤的，也可將資料或程式回復到先前的版本，非常適合多人共同開發的專案。

2.2　Django 框架簡介

何謂「框架」？

框架（Framework）規範一個嚴謹的系統架構，指定程式該如何建構，並指定這些程式如何互動。這些規範迫使開發者必須以框架所指定的架構來撰寫應用程式，以提昇程式的一致性。框架同時也提供許多函式庫讓開發者使用，以提昇系統開發速度、系統效能以及系統安全。

框架和函式庫的不同

框架與函式庫（Library）之差異在於框架控制主要的流程，並在需要時呼叫應用程式（也就是開發者所撰寫的程式）。而函式庫則是由應用程式控制主要的流程，並在需要時呼叫函式庫裡的函式。簡而言之，這兩者的差異即在於主從角色的不同。

Web 框架

Web 框架（Web framework）負責處理大部分的 HTTP 請求，當需要時則呼叫應用程式裡的函式，如圖 2.2 所示。亦即，框架執行大多數的工作，只有在需要時回頭呼叫開發者所寫的應用程式以完成部分工作。因此，這個架構也稱爲「處理器回呼模式」（Handler callback pattern）。在此架構中，HTTP 請求的處理方式與流程都是由框架定義，大部分的處理工作也由框架完成，我們開發者只是遵循框架的規範來撰寫我們所需負責的部分程式。所以，開發者自由揮灑的空間並不大，雖然開發者個人的風格消失了，但好處是換來多人以同一種風格撰寫程式，程式架構標準且統一，有嚴謹的架構，未來的維護品質才會提昇。

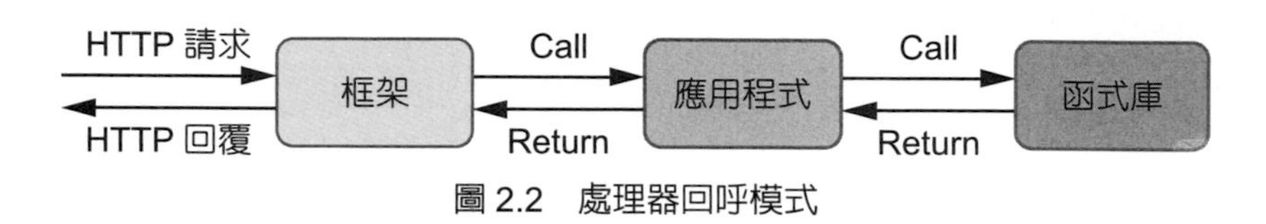

圖 2.2　處理器回呼模式

Django 框架

Django 是以 Python 程式語言爲基礎的高階框架，用來輔助動態網頁系統的開發。Django 的特色如下：

- 快速的系統開發
- 乾淨且實用的設計
- 開源軟體、社群活躍、功能強大、文件完整、維護品質佳
- 處理大多數系統開發的細節，讓開發者專注在自己的應用程式

Django 強調自己是個「有時間壓力的完美主義者最適合的框架」(The web framework for perfectionists with deadlines.)，也就是說：又快又好。並且宣稱有三項特點：

- 超乎想像的速度（Ridiculously fast）
- 再三保證的安全（Reassuringly secure）
- 超級卓越的延展性（Exceedingly scalable）

以及五大設計理念：

- 鬆散耦合（Loosely coupled）：系統各個元素彼此保持獨立，相互依賴性低
- 少寫程式（Less coding）：開發者只需要撰寫少量程式，開發速度快
- 不要自我重複（Don't repeat yourself, DRY）：程式盡量保持唯一，不要一再複製
- 快速開發（Fast development）：超快速的開發時程
- 乾淨的設計（Clean design）：最佳的實務解決方案，保持程式與架構的簡潔

這些都是優質框架所必須具備的條件，因此，Django 廣受工程師的喜愛。以 Django 建構的知名大型網站有很多，例如：YouTube, Dropbox, Google, Quora, Instagram, Spotify, Reddit, Yahoo Maps, Mozilla, NASA, Pinterest, The Guardian, Washington Post 等。

2.3 設定開發環境

一個動態網頁系統所牽涉的套件與檔案非常多，因此，必須好好規劃系統開發的環境，務必讓系統在開發的過程中能保持環境乾淨而有條理。設定開發環境是專案開發的第一個工作，所需完成的工作項目包括：

- 規劃專案目錄架構
- 建立專案目錄架構
- 安裝 Python 3 程式語言
- 安裝 Postgres 資料庫系統
- 安裝建立虛擬環境之程式
- 安裝及設定整合式開發環境

備註：管理者權限

本書假設使用者都有管理者權限，因此能執行安裝或設定各種套件的指令，如果使用者並無管理者權限，則需先取得該權限才能繼續下去。

規劃專案目錄架構

一個軟體專案常常包含有千百個檔案，需要有好的目錄架構，系統元件彼此之間的關係才會簡潔而不雜亂。我們打算將整個目錄架構規劃如下：

```
webapps/
  git/
  virtualenv/
  workspace/
```

其中 *webapps*（Web applications）為最上層目錄 ，其位置由開發者決定。例如，在各平台可分別如下規劃（以下 *<username>* 是登入作業系統的使用者名稱）：

- Ubuntu：放在家目錄 */home/<username>* 之下
- Windows：放在使用者目錄 *C:\Users\<username>* 之下
- Mac：放在使用者目錄 */Users/<username>* 之下

webapps 目錄包含三個子目錄：

- *workspace*：工作區目錄，所有在 Eclipse IDE 新建的專案都置於此

- *virtualenv*：虛擬環境目錄，各個專案的虛擬環境都置於此
- *git*：版本控制儲存庫（Git Repository）目錄，當專案納入版本控制後，Eclipse 會將專案移至此目錄

依照上述規劃方式，因為本書將開發一套名為 blog 之專案，因此實際目錄架構將規劃如下：

```
webapps/
    git/
        blog/          # 納入版本控制後才會產生
            .git/      # 專案的版本控制目錄
            blog/      # 納入版本控制後的專案目錄 ◄──┐
    virtualenv/                                      │
        blogVenv/      # 專案的虛擬環境目錄           │
    workspace/                                       │
        blog/          # 初始的專案目錄，納入版本控制後移至git目錄 ──┘
```

blog 專案從 *webapps/workspace* 工作區目錄中建立，其虛擬環境 blogVenv 從 *webapps/virtualenv* 目錄中建立。當專案納入版本控制後，Eclipse 會在 *webapps/git* 目錄中建立一個名稱也叫 *blog* 的目錄，然後將專案移到 *webapps/git/blog* 目錄下，並且在該目錄建立一個 *.git* 目錄，內含 Git 的相關設定。因此，專案本身與其 Git 的設定是分隔的。

備註：版本控制目錄的位置

Eclipse 強烈建議不要將版本控制目錄放在專案目錄底下，以保持專案與版本控制資料之間的區隔。本書採用此建議，因此另外建立 *git/* 儲存庫目錄。但也有許多開發者將版本控制目錄直接放在專案目錄裡（例如：*workspace/blog/.git/*），如此就不需要 Git 儲存庫目錄了。

接下來就準備開始「把手弄髒」（Get your hands dirty!），揮汗實作，一步一步地建立我們的開發環境吧！實作的方式分成兩種：

- 指令行的操作：在終端機（Terminal）輸入指令，例如建立 git 目錄 `$ mkdir webapps/git`
- Eclipse 的操作：以滑鼠點選步驟呈現，例如：Right click project（滑鼠右鍵點專案）→ Team → Commit → ...

建立專案目錄架構

依照上述的規劃，在各平台建立專案目錄結構：

- Ubuntu（在終端機）：

```
$ cd
$ mkdir webapps webapps/git webapps/virtualenv webapps/workspace
```

- Windows（在命令提示字元）：

```
C:\..> cd C:\Users\<username>
C:\..> mkdir webapps webapps\git webapps\virtualenv webapps\workspace
```

- Mac（在終端機）：

```
$ cd
$ mkdir webapps webapps/git webapps/virtualenv webapps/workspace
```

以上指令：先移到家目錄，然後一次新增四個目錄（*webapps* 一定要放在第一個，然後才能建立子目錄），亦可使用檔案管理員軟體來建立目錄。

備註：各作業平台的提示符號

- 為求簡潔，各平台指令的提示符號將定為：
  - Ubuntu：`$`
  - Windows：`>`
  - Mac：`$`
- 如果在各個平台所輸入的指令完全相同，則統一以 Ubuntu/Mac 的指令提示符號 `$`
- 因不同的開發者可能設定不同的頂層目錄，因此，將以 *.../webapps/* 來表示最上層目錄的路徑。

備註：有關 Linux 指令

- 系統開發過程中，許多操作是在終端機中下達 Linux 指令完成的，這些指令稱爲「指令行」（Command line instructions, CLI），這是開發者一定會進入的領域
- 有人說：Command lines 是程式設計師一輩子的浪漫 ;-)，因此，英文打字是程式設計師絕對必須具備的技能
- 本書中 CLI 開頭的 $ 符號是系統的提示符號，不需要輸入
- 建議：本教材裡有許多的 CLI 指令以及程式，除非特別複雜，否則讀者們最好親自從鍵盤輸入，不要只是複製貼上（Copy-and-paste），因爲錯過這些親自體驗及犯錯的機會，技能的提昇將會很有限。有一本書 "Learn Python the Hard Way"，就是強調讀者應該自行輸入每個範例的每個字，然後再執行，這樣的學習方式一開始可能覺得很累，但您的能力絕對會快速地提昇
- 爲避免在終端機中的系統提示字元過長，可如下修改 *~/.bashrc* 檔案（Bash run command 是用來設定 Shell 特性的設定檔）

```
$ gedit ~/.bashrc
```

```
...

if [ "$color_prompt" = yes ]; then
    PS1='${debian_chroot:+($debian_chroot)}\[\033[01;32m\]\u@\h\[\033[00m\]:\[\033[01;34m\]\w\[\033[00m\]\$ '
    PS1='${debian_chroot:+($debian_chroot)}\[\033[01;32m\]\u:\W\$ '
else
    PS1='${debian_chroot:+($debian_chroot)}\u:\W\$ '
fi

...
```

→ 儲存檔案並重新啓動終端機即可看到效果

- 以上 gedit 是 Ubuntu 系統的預設文字編輯器，操作很簡單。另一個 Linux 上常見的文字編輯器是 vi 或 vim，是個功能非常強大的編輯器，但因爲進入門檻較高，一般人使用的不多，大多只有專業的人士會常常使用。也因此，使用 vi/vim 的開發者常以此爲傲，您可以試試看

- 常用的 Linux 指令如下：

  `$ sudo`：以管理員的權限執行指令（superuser do）

  `$ cd foo`：前往目前目錄下名為 *foo* 的目錄（change directory）

  `$ cd /foo`：前往根目錄下名為 *foo* 的目錄

  `$ cd`：回到家目錄（*/home/<username>*，也可使用 `$ cd ~`，波浪符號即為家目錄）

  `$ ls`：顯示目前目錄的內容（list）

  `$ ls -l`：以橫列方式顯示目前目錄的內容（list line）

  `$ ls -a`：顯示目前目錄的所有內容（all），包含隱藏檔

  `$ ls -l -a`（或 `ls -la`）：以橫列方式顯示目前目錄的所有內容（line, all）

  `$ pwd`：顯示目前目錄（present working directory）

  `$ mkdir foo`：建立名為 *foo* 的子目錄（make directory）

  `$ rm foo`：刪除名為 *foo* 的檔案（remove）

  `$ rm -rf foo`：刪除名為 *foo* 的目錄（recursive, force）

  `$ cp <from> <to>`：複製目錄或檔案（copy）

  `$ mv <from> <to>`：移動目錄或檔案（move）

  `$ find -name "foo*.html" -print`：尋找名稱以 *foo* 開頭，並以 *.html* 結尾的檔案或目錄

  `$ grep -nr "foo"`：列出有 *foo* 字串的檔案的內容（line number, recursive，此指令超級好用！）

  `$ find . -type f -exec sed -i 's/foo/bar/g' {} +`：將所有檔案裡的 *foo* 字串改為 *bar* 字串（此指令超級厲害，也很危險！）

- 在 Linux 環境裡，目錄或檔案的名稱若以點號開頭，通常是設定檔，一般的檔案管理器裡不會顯示，因此常稱為隱藏檔。

安裝 Python 3 程式語言

專案目錄建構完畢，接下來就是安裝 Python 3 程式語言，在各平台安裝程序如下：

- Ubuntu：預設已有 Python 3（執行檔在 */usr/bin/python3*），因此無需安裝
- Windows：至 Python 官網（`https://www.python.org/downloads/`）下載 *python-3.?.?-amd64.exe* 並儲存檔案
  - 進行安裝:勾選「Install launcher ...」與「Add Python 3.? to PATH」並點擊「Install Now」開始安裝
  - 預設安裝路徑為 *C:\Users\<username>\AppData\Local\Programs\Python\Python?-?*
- Mac：至 Python 官網（`https://www.python.org/downloads/`）下載安裝檔（*python-3.?.?-macosx?.?.pkg*），儲存檔案並安裝

  註：以上 ? 是版本數字。

安裝 Postgres 資料庫系統

在各平台安裝 Postgres 資料庫系統：

- Ubuntu：
  - 在 Terminal 輸入以下指令（先更新並安裝所有套件，然後再安裝 Postgres）：

```
$ sudo apt update
[sudo] password for <username>:
$ sudo apt -y upgrade
$ sudo apt install libpq-dev postgresql postgresql-contrib
```

  - 安裝之後，Postgres daemon（常駐程式）就會開始執行，而且在每次電腦開機就會自動執行，無需人工啓動。
- Windows：
  - 請至 Postgres 官網（`https://www.enterprisedb.com/downloads/postgres-postgresql-downloads`）下載 *postgresql-?.?-?-windows-x64.exe*，儲存檔案後安裝(檔名中的 ? 是版本數字)。
  - 設定：超級管理者（Superuser）密碼：`postgres`，埠號（Port）：`5432`（預設），資料庫使用者群，Locale：`Default locale`
  - 不需安裝 `Stack Builder`

- Mac：
  - 先安裝 Homebrew：

```
$ /usr/bin/ruby -e "$(curl -fsSL https://raw.githubusercontent.com/Homebrew/install/master/install)"
```

  - 利用 Homebrew 安裝 postgresql 並啓動資料庫系統：

```
$ brew update
$ brew install postgresql
$ brew services start postgresql
```

備註：Linux 的 sudo 指令

- 第一次執行 sudo 指令時，系統會詢問使用者密碼，之後就不會再詢問（除非重新啓動 Terminal）
- Linux 的 Terminal 環境中，許多套件在要求使用者輸入密碼時是不會顯示任何訊息的（例如：不會顯示常見的星號 ****），因此請不要誤以爲沒有反應，儘管輸入您的密碼，然後再按 Enter 即可
- sudo apt -y upgrade 指令中的 -y 是 yes 的意思，亦即安裝過程中所有問題都回答「是」，安裝程式不再詢問決定

安裝建立虛擬環境之程式

由於不同專案會使用不同的套件，也可能會使用不同版本的相同套件，因此不能將所有套件都安裝在作業系統裡，否則作業系統不僅套件繁多、雜亂、效能降低，甚至套件之間還會彼此衝突，同一套件也有可能根本不允許安裝多個版本。 因此，各專案應該將所需的套件安裝在自己專屬的環境中，這就好像一個家庭中個人物品應該放在自己的臥室，不要大家都將個人物品放在客廳之類的公用區，否則一定雜亂無章、到處產生糾紛。

專案的專屬套件區稱爲「虛擬環境」(Virtual environment)，各個專案有其專屬的虛擬環境且彼此隔絕，不相互干擾。各個專案在其虛擬環境所安裝的套件也都不同，因此，虛擬環境除了應彼此隔絕外，另一項重要功能就是讓開發環境、測試環境和生產環境都能一致，以免發生開發環境執行沒問題，到其他環境執行就出錯（是否常聽到：在我的電腦 run 就 OK，到你的電腦 run 就當掉？）。

要建立虛擬環境，首先需安裝建立虛擬環境的程式 virtualenv，在各平台的安裝程序如下：

- Ubuntu：先安裝 python3-pip 程式，然後利用 pip3 指令來安裝 virtualenv 程式

```
$ sudo apt install python3-pip
$ sudo pip3 install virtualenv
```

- Windows：Python 套件裡已有 pip3.exe，可直接用來安裝 virtualenv 程式

```
> pip3 install virtualenv
```

- Mac：Python 套件裡亦有 pip3 程式

```
$ pip3 install virtualenv
```

註：pip（Pip Install Package）是Python的套件管理程式，名稱使用「遞迴首字縮寫」（Recursive acronym）模式。

安裝及設定整合式開發環境

整合式開發環境（Integrated development environment, IDE）是一個功能強大的程式編輯軟體，適用於開發大型專案，可以提昇開發者的效率。本書將使用 Eclipse 來開發 Django 專案；Eclipse 是一個開源軟體，搭配 PyDev 套件就可以支援 Python 程式語言與 Django 框架。在各平台安裝 Eclipse 的程序如下：

- Ubuntu：
    - 安裝 Java JDK（因爲 Eclipse 是以 Java 開發的）

    ```
    $ sudo add-apt-repository ppa:openjdk-r/ppa
    $ sudo apt update
    $ sudo apt install openjdk-??-jdk
    ```

    以上第 1 個指令是加入套件庫，以便之後有新版時，Ubuntu 會自動更新。接著更新套件庫，然後安裝 openjdk 套件（檔名中的 ? 是版本數字）。

    - 從「Ubuntu 軟體 」安裝 Eclipse

- Windows：
  - 安裝 Java JDK：至 Oracle 官網

    （https://www.oracle.com/technetwork/java/javase/downloads/jdk8-downloads-2133151.html）→下載 Windows x64 檔案（檔名：*jdk-?????-windows-x64.exe*，檔名中的 ? 是版本數字）並安裝
  - 至 Elipse 官網（https://www.eclipse.org/downloads/packages/）下載 Eclipse IDE for Eclipse Committers（Windows 64-bit 版的檔名爲 *eclipse-committers-?-?-?-win32-x86_64.zip*，其中 ? 是版本年月與代號），解壓縮到目的目錄（例如：*C:\Users\<username>*），Eclipse 是所謂的「綠色軟體」檔案，不需要安裝即可直接執行
- Mac：
  - 安裝 Java JDK：至上述 Oracle 官網 → 下載 Mac OS X x64 檔案（檔名：*jdk-?????-macosx-x64.dmg*，檔名中 ? 是版本代號）並安裝
  - 至上述 Eclipse 官網下載 Eclipse IDE for Eclipse Committers（檔名爲 *eclipse-committers-?-?-?-macosx-cocoa-x86_64.zip*，其中 ? 是版本年月與代號），解壓縮到目的目錄

Eclipse 安裝成功後即可開始執行，並進行各項設定。在各平台執行 Eclipse：

- Ubuntu：點擊左上角「概覽」並搜尋 eclipse，再點擊圖示即可啓動（此時可右鍵點左側啓動欄的 Eclipse 圖示 → 加入喜好，該圖示就會鎖定在啓動欄，方便以後執行）
- Windows：點擊 *C:\Users\<username>\eclipse\eclipse.exe* 即可啓動（此時可右鍵點下方工作列的 Eclipse 圖示 → 釘選到工作列，該圖示就會鎖定在工作列，方便以後執行）
- Mac：至應用程式點擊 eclipse 即可啓動（此時可右鍵點下方工作列的 Eclipse 圖示 →選擇「保留在 Dock 上」，該圖示就會鎖定在工作列，方便以後執行）

第一次執行 Eclipse 時，Eclipse 會詢問 "Select a directory as workspace"，此時可輸入 Eclipse 工作區目錄：`.../webapps/workspace`，並且可將此目錄設爲預設，下次啓動 Eclipse 時就會自動進入此目錄。Eclipse 第一次啓動時會顯示歡迎畫面，可於右下角取

消勾選「Always show Welcome at start up」，下次執行就不會出現此畫面。此外，Eclipse 會在使用者家目錄及 Eclipse 工作區目錄分別建立 *.eclipse* 及 *.metadata* 目錄，這兩個目錄都是隱藏目錄，前者儲存 Eclipse 的設定，後者儲存工作區及專案的相關設定。如果原先安裝有舊版的 Eclipse，建議將原先工作區的 *.metadata* 目錄刪除，以免新舊版本之設定相互衝突。

接下來的工作就是在 Eclipse 中進行各項設定：

(1) PyDev 套件

首先安裝 PyDev 套件以支援 Python 程式語言與 Django 框架，在 Eclipse 的選單中：

- Help → Install New Software → Add → Name: `PyDev`, Location: `http://pydev.org/updates`（圖 2.3）→ Add → 勾選 PyDev（圖 2.4）→ Next → Next → 點選 `I accept the terms of the license agreements` → 同意安裝未簽署內容（圖 2.5 → 點選 Install anyway）→ Finish →（注意下方的安裝進度條）等待系統提示安裝完成，然後重新啟動 Eclipse

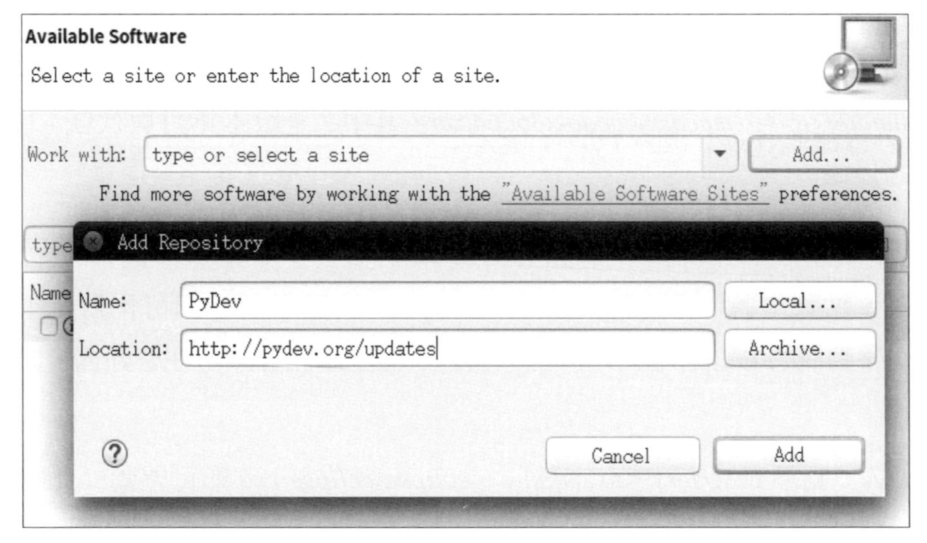

圖 2.3　安裝 PyDev

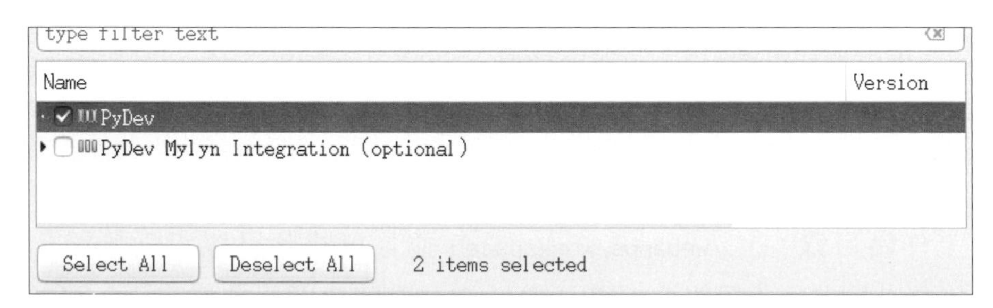

圖 2.4　選取 PyDev 套件

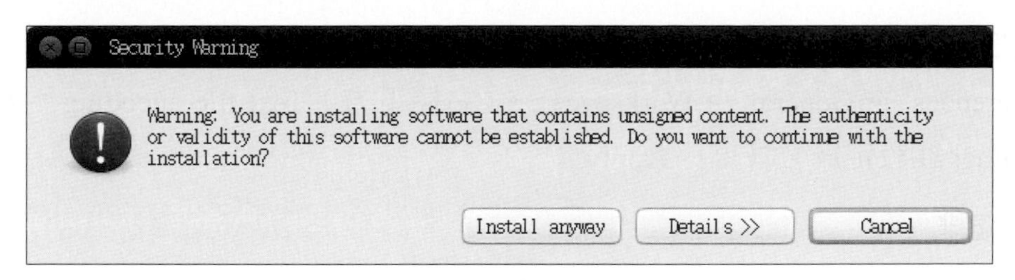

圖 2.5 確認安裝

(2) 安裝 Web developer Tools

Web developer Tools 支援 HTML、CSS 與 JavaScript 的編輯：

- Help → Install New Software → Work with:
  `http://download.eclipse.org/releases/latest` → Enter
- 展開 Web, XML, Java EE and OSGi Enterprise Development → 勾選 `Eclipse Web Developer Tools`

→ Next → Next → Accept terms → Finish →（注意下方的安裝進度條）等待系統提示安裝完成，然後重新啓動 Eclipse

(3) 變更 IDE 視版

將視版（Perspective）改爲 PyDev 樣式：

- 設定爲 PyDev Perspective：點擊 Eclipse 右上角 Open Perspective 圖示 → 選擇 PyDev → Open（會出現 圖示）
- 刪除 Java Perspective：右鍵點擊 Eclipse 右上角 Java Perspective 圖示 → Close

註：以下設定的 Preference 選項在 Ubuntu 與 Windows 環境中是在 Window 項目底下，在 Mac 環境中則在 Eclipse 項目底下。

(4) 設定編輯器字體：

- Preferences → General → Editors → Text Editors →（右欄上方）Color and Fonts → Edit → Fonts，在各平台所使用的字體：
  - Ubuntu: `DejaVu Sans Mono Book`
  - Windows: `Consolas`
  - Mac: `Consolas`

  Size: `10` → Apply

(5) **設定工作區文字編碼：**

Preferences → General → Workspace →（右欄下方）Text file encoding：選 Default 或 Other 並設定為 UTF-8 → Apply

(6) **設定縮排**

一般文件：2 空格

- Preferences → General → Editors → Text Editors →（右欄）Displayed tab width: `2`，勾選 `Insert spaces for tabs` → Apply and Close

JavaScript：2 空格

- Preferences → JavaScript → Code Style → Formatter →（右欄）New → Profile name: `myProfile` → OK → Tab policy: `Spaces only`, Indentation size: 2, Tab size: `2` → OK → Active profile: `myProfile` → Apply and Close

Python：4 空格（預設）

- Preferences → PyDev → Editor → Tabs →（右欄）Tab length: `4`, 勾選 `Replace tabs with spaces when typing` → Apply and Close

CSS 與 HTML：2 空格

- Preferences → Web →
  - ▲ CSS Files → Editor →（右欄）勾選 `Indent using spaces`，Indentation size: `2` → Apply and Close
  - ▲ HTML Files → Editor →（右欄）勾選 `Indent using spaces`，Indentation size: `2` → Apply and Close

(7) **依個人偏好可設定暗色主題（Dark theme）**

- Preferences → General → Appearance →（右欄）Theme: `Dark` → Apply and Close
- 暗色主題的「Python 重複出現字」預設的黃色太刺眼，改變顏色：
  - ▲ Preferences → General → Editors → Text Editors → Annotations →（右欄）Occurrences (PyDev) →（可能需要將視窗拉寬）Color: 選深藍色 → Apply and Close

備註：有關選用 Eclipse

- Eclipse 的缺點：啓動速度較慢，請耐心等候
- 問答集：

問：Eclipse 是開發 Python 專案最好的 IDE 嗎？
答：當然不是，PyCharm 就比較厲害！

問：那爲什麼選擇 Eclipse ？
答：Open source, period ;-)

(8) 加速 Eclipse

取消自動通知

- Preferences → General → Notifications →（右欄）取消勾選 `Enable notifications` → Apply and Close

啓動時不要自動啓用套件

- Preferences → General → Startup and Shutdown →（右欄）取消勾選所有項目 → Apply and Close

停用拼字檢查

- Preferences → General → Editors → Text Editors → Spelling →（右欄）取消勾選 `Enable spell checking` → Apply and Close

暫停所有驗證器

- Preferences → Validation →（右欄）勾選 `Suspend all validators` → Apply and Close → ... Do the full rebuild now? → Yes

備註：Eclipse 快速鍵

■ 檔案

`ctrl-s`：存檔

`ctrl-shift-s`：儲存所有檔案

`F5`：刷新內容

■ 縮排與註解

`Tab`：向右縮排

`Shift-Tab`：向左縮排

`ctrl-/`：註解（或取消註解）

`ctrl-shift-f`：整份文件自動排版

■ 尋找與取代

`ctrl-f`：尋找

`ctrl-k`：尋找下一個

`ctrl-h`：綜合尋找

■ 文字選取

`shift-Right`：向右移動一格選取

`shift-Left`：向左移動一格選取

`ctrl-shift-Right`：向右移動一字選取

`ctrl-shift-Left`：向左移動一字選取

`ctrl-a`：全選

■ 文字編輯

`ctrl-c`：複製

`ctrl-x`：剪下

`ctrl-v`：貼上

`ctrl-z`：上一步

`ctrl-shift-z`：下一步

`ctrl-d`：刪除目前行

■ 程式撰寫

`ctrl-1`：快速協助（例如加入 import）

`ctrl-e`：列出所有開啓檔案

`ctrl-` 滑鼠點物件：跳至定義

`ctrl-.`：跳至下一個錯誤點

`ctrl-l`：跳至行數

`ctrl-shift-g`：列出所有呼叫程式

`ctrl-shift-o`：整理及自動匯入

`ctrl-shift-p`：跳至對應括號

恭喜您完成了系統安裝與環境設定程序，以上的工作並不簡單，尤其對於新手而言，一定會到處卡關，能順利完成很不容易。系統設定的過程中需要非常細心，也需要相當大的耐心，如果您完成了，那要大大地慶祝。如果您卡關了，請耐心檢查何處有錯或遺漏。這樣的繁瑣過程是成爲一個優質的「開發者」（Developer）所必須經過的訓練，越接近系統核心，所面對的問題就越精細、越複雜，絲毫馬虎不得，但這也是提昇功力的不二法門。接下來就要進入 Django 的夢幻領域了，休息一下、喝杯咖啡，我們繼續奮鬥！

2.4 練習

1. 重新執行所有設定開發環境的步驟，例如：將 *~/.eclipse* 與 *.../webapps/workspace/.metadata* 兩個目錄刪除，再重新設定 Eclipse 環境

2. 一段時間以後，不參考書籍，僅憑記憶來執行本章裡的所有步驟

NOTE

Chapter 3

建立新專案

學習目標

- 建立虛擬環境
- 建立新 Django 專案
- 建立資料庫
- 啓動伺服器並測試專案
- MVC 軟體架構模式

3.1 建立新專案

在本書中，我們將透過開發一套名為 blog（部落格）的系統來探討如何以 Django 框架來開發一套動態網頁系統，接下來，讓我們繼續動手做吧！

建立虛擬環境並安裝套件

在建立一個 Django 專案之前，首先要建立專案所需要的虛擬環境，並且在該環境中安裝所需要的各式套件。各個專案有專屬的虛擬環境可以彼此隔絕、避免相互干擾，這對系統開發及最終上線營運是最佳的規劃。各個專案虛擬環境將安裝在虛擬環境目錄中（*.../webapps/virtualenv/*），此外，我們擬將 blog 專案的虛擬環境命名為 blogVenv，建立虛擬環境程序如下：

```
$ cd .../webapps/virtualenv
$ virtualenv blogVenv
New python executable in ...
Also creating executable in ...
Installing setuptools, pip, wheel...done.
```

以上指令：

1. `cd ...`：前往 *virtualenv* 目錄。
2. `virtualenv ...`：執行 `virtualenv` 指令以建立名為 blogVenv 的虛擬環境（系統回覆訊息表示已在虛擬環境中建立 Python 執行檔，並完成相關套件的安裝）。

要將套件安裝在虛擬環境中，必須先啟用虛擬環境，如果沒有啟用虛擬環境，套件就會安裝在作業系統中。因此，開發者應該要隨時保持清楚的認知：到底目前是在虛擬環境，還是在作業系統環境，弄錯環境，套件安裝就會錯誤。

接下來，我們先啟用虛擬環境，然後在虛擬環境中安裝 django 與 psycopg2（PostgreSQL Database adapter，資料庫適配器）兩個套件，在各平台啟用虛擬環境程序如下：

- Ubuntu：

```
$ source blogVenv/bin/activate
(blogVenv)$ pip install django psycopg2
(blogVenv)$ pip freeze
```

■ Windows：

```
> blogVenv\Scripts\activate.bat
(blogVenv)> pip install django psycopg2
(blogVenv)> pip freeze
```

■ Mac：

```
$ source blogVenv/bin/activate
(blogVenv)$ pip install django psycopg2
(blogVenv)$ pip freeze
```

註：在 Mac 平台若安裝 psycopg2 發生錯誤，可嘗試改安裝 psycopg2-binary。

以上指令：

1. 第一個指令用來啓用虛擬環境（啓用之後的 `pip` 指令將來自於虛擬環境，而非作業系統，而且啓用虛擬環境後，系統提示符號會加上虛擬環境名稱 (`blogVenv`)，以提示虛擬環境已啓用）
2. `pip install ...`：在虛擬環境中安裝所需套件。
3. `pip freeze`：顯示虛擬環境中所安裝的套件及其版本（系統回覆訊息裡的 `x.x.x` 爲版本數字）。

```
asgiref==x.x.x
Django==x.x.x
psycopg2==x.x.x
pytz==xxxx.x
sqlparse==x.x.x
```

另外也可以利用檢查 Python 執行檔之路徑以確認虛擬環境啓用是否成功，在各平台檢查 Python 指令的路徑：

■ Ubuntu：

```
(blogVenv)$ which python
.../webapps/virtualenv/blogVenv/bin/python
```

■ Windows：

```
(blogVenv)> where python
...webapps\virtualenv\blogVenv\Scripts\python.exe
```

■ Mac：

```
(blogVenv)$ which python
.../webapps/virtualenv/blogVenv/bin/python
```

備註：CLI 快速鍵虛擬環境之啓用與停用

- 您一定覺得在終端機正確的輸入 `$ source .../webapps/virtualenv/blogVenv/bin/activate` 是一件不容易的事，沒錯，高手才能打得又快又正確，但沒關係，善用 CLI 快速鍵同樣可以達到相同效果，而且打很少鍵就夠了
- 在終端機中，只要是指令和檔案或目錄有關的，例如 cd, source 等，都可以只打前幾個字母，然後按下 [Tab] 鍵（鍵盤左邊大大的那個），系統自動會出現你要的字（除非有其他檔案或目錄名稱的前幾個字母相同），因此，以上指令可以如此打：

  ```
  $ source .../w[Tab]/v[Tab]/b[Tab]/b[Tab]/a[Tab]
  ```
  → 這樣快多了
- 在之後的教材中，只要系統提示符號前有 (blogVenv) 符號，即表示已經執行過 activate 指令，不會再說明需要執行此指令，如果有重啓終端機，請先執行此指令來啓用虛擬環境
- 在各平台之停用虛擬環境指令：
  - Ubuntu: `(blogVenv)$ deactivate`
  - Windows: `(blogVenv)> ...\webapps\virtualenv\blogVenv\Scripts\deactivate.bat`
  - Mac: `(blogVenv)$ deactivate`

在 Eclipse 建立新專案

◈ 設定 Python 解譯器

虛擬環境建置且套件安裝成功後，需要在 Eclipse 中設定 Python 解譯器，這樣 Eclipse 才知道到哪裡尋找解譯器。我們擬將解譯器命名為 blogPython，以呼應專案名稱，在 Eclipse 中設定 Python 解譯器的程序如下：

- Preferences → PyDev → Interpreters → Python Interpreter →（右欄）Browse for python/pypy exe → 選 Interpreter Executable:
  - Ubuntu：`.../webapps/virtualenv/blogVenv/bin/python`
  - Windows：`...\webapps\virtualenv\blogVenv\Scripts\python.exe`
  - Mac：`.../webapps/virtualenv/blogVenv/bin/python`

  → 輸入 Interpreter Name: blogPython → OK → Select All → OK → Apply and Close

◈ 新增一個 Django 專案

虛擬環境建置完成且在 Eclipse 中設定好 Python 解譯器之後，就可以新增一個名為 blog 的 Django 專案：

- File → New → Project... → PyDev → PyDev Django Project → Next → Project Name: `blog`, Grammar Version: `Same as interpreter`, Interpreter: `blogPython` → Next → Next → Django version: `1.4 or later` → Finish

備註：有關解譯器的設定

- 如果先前的 Python Interpreter 並未正確設定，此處可能沒有 blogPython 項目可選，此時可點擊選項下方連結重新設定：`Click here to configure an interpreter not listed.`（如果從未設定解譯器，會出現 `Please configure an interpreter before proceeding.` 字樣），請點擊連結並建立名為 blogPython 的解譯器。

建立專案之後，可以在 Eclipse 的專案探索器（左側欄 Project Explorer）看到 Django 專案的標準目錄結構如下：

```
blog/
    blog/
        __init__.py
        asgi.py
        settings.py
        urls.py
        wsgi.py
    manage.py
```

各目錄與檔案說明如下：

- 第一層 *blog*：專案根目錄（Project root）
- 第二層 *blog*：專案的直屬應用程式（App），名稱與專案相同，我們可以在一個 Django 專案裡建立許多 App，並賦予各個 App 較為獨立的功能，這是將專案模組化的架構
    - *__init__.py*：設定此目錄是一個 Python 套件（Package）
    - *asgi.py*：非同步伺服器閘道介面（Asynchronous web server gateway interface），是 Python 程式與伺服器溝通的介面程式，具有非同步運行的功能

- ◆ *settings.py*：專案的設定檔
- ◆ *urls.py*：專案的 URL request 格式設定檔
- ◆ *wsgi.py*：伺服器閘道介面（Web server gateway interface），是 Python 程式與伺服器溝通的介面程式

■ *manage.py*：Django 專案的管理程式

■ 註：blog 專案目錄裡其實還有兩個隱藏檔

- ◆ *.project*：Eclipse 的專案設定檔
- ◆ *.pydevproject*：PyDev 的專案設定檔

備註：有關 Django 專案

■ 一個 Python 專案的目錄架構如下：

- ◆ Project：「專案」，最高層目錄
- ◆ Package：「套件」，內含有 *__init__.py* 檔案的目錄，套件的目的在於提供其他單元匯入（Import）相關資料
- ◆ Module：「模組」，副檔名爲 *.py* 的 Python 程式檔

■ 在 *manage.py* 檔案底下還有 *blogPython* 項目，這是 Eclipse 顯示本專案所使用的 Python 解譯器，並非專案所屬的檔案

■ 如果您發現專案的目錄架構與上述不同，那麼一定是建立專案的程序有誤，常見的狀況是未設定「Django verison: `1.4 or later`」，請刪除本專案再重新建立

- ◆ 刪除專案：Right click project（右鍵點專案）→ Delete → 勾選 `Delete project contents on disk (cannot be undone)` → OK

■ 亦可利用 CLI 來建立 Django 專案，指令如下（先啓用虛擬環境）：

```
(blogVenv)$ cd .../webapps/workspace
(blogVenv)$ django-admin startproject blog
```

■ 以 CLI 方式建立專案的問題：不會產生 Eclipse 所需要的 *.project* 及 *.pydevproject* 兩個設定檔，因此 Eclipse 不認得此專案，必須自行在專案目錄中建立這兩個檔案，並在 Eclipse 環境匯入專案（見下方「Eclipse 的相關操作」說明）

◇ 編輯專案設定檔

專案新增完畢，需要將裡面的設定檔依照我們的需求修改，在專案直屬 App 裡面有一個 *settings.py* 設定檔案，如下修改：

blog/settings.py

```
1   ...
2
3   ALLOWED_HOSTS = ['*']
4
5   ...
6
7   DATABASES = {
8       'default': {
9           'ENGINE': 'django.db.backends.postgresql',
10          'NAME': 'blogdb',
11          'USER': 'dbuser',
12          'PASSWORD': 'dbuser',
13          'HOST': 'localhost',
14          'PORT': '',
15      }
16  }
17
18  ...
19
20  LANGUAGE_CODE = 'zh-hant'
21
22  TIME_ZONE = 'Asia/Taipei'
23
24  ...
```

以上設定說明如下：

- `ALLOWED_HOSTS`：指定本應用程式可服務哪些網域，`['*']` 指所有網域，如果本系統僅允許某些網域使用，應填入該域名以排除沒有權限者
- `DATABASES = ...` ：專案所使用的資料庫的相關設定，包括：
  - ◆ 資料庫引擎：Postgres
  - ◆ 資料庫名稱、使用者及密碼

- ◆ 連結資料庫的主機及埠號：`localhost` 即本機（因為之後將在本機建立資料庫），埠號的空字串值表示使用系統標準埠號（通常是 5432，但有可能因為作業系統的不同設定而有所不同，因此給空字串的意思就是 ... 交給系統決定吧）

- ■ `LANGUAGE_CODE = 'zh-hant'`：設定語言為繁體中文（簡體中文為 `zh-hans`）
  - ◆ `zh`：中華（ZhongHua）
  - ◆ `hant`：漢語繁體（Traditional）
  - ◆ `hans`：漢語簡體（Simplified）

- ■ `TIME_ZONE = 'Asia/Taipei'`：設定時區為亞洲台北，其他的時區請參考 https://en.wikipedia.org/wiki/List_of_tz_database_time_zones

備註：命名法則

- ■ 以上所規劃的資料庫名稱 blogdb 刻意與專案名稱 blog 相似，這是幫助記憶、簡化命名工作的好方法，以後若開發其他專案，資料庫命名也會使用此模式
- ■ 電腦科學領域裡有兩件最困難的事（https://martinfowler.com/bliki/TwoHardThings.html），其中之一就是命名，絕不可輕忽
- ■ 建立一個資料庫使用者 dbuser，未來各個專案資料庫都可以共用
- ■ 未來您一定會發覺，一個專案裡所包含的各類名稱（目錄名、檔名、變數名、常數名、資料表名、欄位名 ...）簡直多到滿天飛，撰寫程式時如果都需要查來查去，那不僅會累斃了，更會錯誤百出。因此，對於某些重要名稱，作者自行發展出一套命名法則，程式設計師在撰寫程式時只要依循這個法則，那麼該名稱就可以直接推算出來，使用名稱的複雜度及錯誤率都會大幅降低，各種命名法則之後會陸續說明，但此處我們可以小結一下，目前我們已完成的命名如下：
  - ◆ 專案名稱：*blog*
  - ◆ 專案虛擬環境名稱：*blogVenv*
  - ◆ 虛擬環境 Python 解譯器名稱：*blogPython*
  - ◆ 資料庫名稱：*blogdb*

  看出規律了嗎？命名原則都是圍繞在專案名稱，這樣的規則讓各個專案都有一定的規律，不僅開發者自己很清楚哪個名稱是屬於哪個專案，各個開發者之間也不必協調上述的名稱，就直接寫程式就對了，名稱都是「預設」的，大家也都了然於胸，這是件好事！

- 此外，本書中的程式所使用的各種識別字格式習慣如下：
  - 類別（class）：大寫駝峰式，例如 `NumItemsPerPage`
  - 常數（constant）：全大寫底線式，例如 `NUM_ITEMS_PER_PAGE`
  - 其他：小寫駝峰式，例如 `numItemsPerPage`（這與 Python 的習慣不同，但作者實在不喜歡看太多的底線）
- 一定有人懷疑：這麼簡單的資料庫密碼（dbuser），過得了資安專家這一關嗎？可以的！說明如下：
  - 如果未來專案將部署到雲端，那麼雲端供應商會有自己的資料庫設定機制，以上設定都只在本機端的開發環境有效，所以與生產環境的安全性無關
  - 如果未來專案將部署到自己架設的伺服器，那麼應該將安全機制重點放在作業系統及伺服器部分，就好像家裡最好的鎖應該放在大門，而不是臥室門，因此，看管好作業系統及伺服器的安全才是最重要的工作。如果駭客入侵了伺服器，此設定檔的內容也就曝光，因此，再複雜的密碼也沒有用的

3.2 建立資料庫

依據我們在 *settings.py* 裡的設定來建立資料庫（設定與實際建立的資料庫必須一致）。首先進入 Postgres 環境，然後建立資料庫與使用者，並且設定權限，在各平台的步驟如下（註：資料庫是建立在作業系統，因此和專案虛擬環境無關）：

- Ubuntu：

```
$ sudo -i -u postgres
[sudo] password for <username>:
postgres@<username>$ createdb blogdb
postgres@<username>$ createuser -P dbuser
Enter password for new role: dbuser
Enter it again: dbuser
postgres@<username>$ psql
postgres=# grant all privileges on database blogdb to dbuser;
GRANT
postgres=# \q
postgres@<username>$ exit
```

以上指令：

- `sudo -i ...`：以 postgres 使用者身分登入系統（需輸入使用者密碼，`-i`：登入，`-u postgres` 轉換爲 postgres 使用者，postgres 是資料庫預設的使用者，登入後就有權限執行資料庫相關指令）
- `createdb ...`：建立資料庫
- `createuser -P ...`：建立使用者，`-P`：同時也設定密碼（注意 P 要大寫）。
- `psql`：進入 SQL 環境
- `grant all ...`：賦予使用者所有資料庫權限（系統回覆 GRANT 表示執行成功），在 psql 環境中的指令需以分號結束
- `\q`：離開 SQL 環境
- `exit`：離開 Postgres 環境

■ Windows：

```
> cd C:\Program Files\PostgreSQL\11\bin
> set PGUSER=postgres
> set PGPASSWORD=postgres
> createdb blogdb
> createuser -P dbuser
Enter password for new role: dbuser
Enter it again: dbuser
> psql
psql (11.1)
Type "help" for help
postgres=# grant all privileges on database blogdb to dbuser;
GRANT
postgres=# \q
>
```

以上指令：

- `cd ...`：先移至 Postgres 執行檔的目錄。
- `set PGUSER=...` 與 `set PGPASSWORD=...`：設定這兩個環境變數後，以後下任何指令均不需要再輸入帳號與密碼了。

■ Mac（無需轉換使用者）：

```
$ createdb blogdb
$ createuser -P dbuser
Enter password for new role: dbuser
Enter it again: dbuser
$ psql postgres
<username>=# grant all privileges on database blogdb to dbuser;
GRANT
<username>=# \q
$
```

備註：Ubuntu 平台之常用 Postgres 指令

■ 顯示 Postgres 版本

```
$ psql --version
```

■ 啓動 Postgres

```
$ sudo /etc/init.d/postgresql start
```

■ 停止 Postgres

```
$ sudo /etc/init.d/postgresql stop
```

■ Postgres 可能需要下列檔案的存取權限，設定其檔案權限為 700（以下 ? 是版本數字）。

```
$ sudo chmod 700 /var/lib/postgresql/?.?/main
```

■ Postgres 的 log 檔（? 為版本）：

/var/log/postgresql/postgresql-?.?-main.log

■ 檢查 Postgres 是否正在執行

```
$ /etc/init.d/postgresql status
```

■ 建立新的資料庫 <database>

```
postgres@<username>$ createdb <database>
```

■ 刪除資料庫 <database>

```
postgres@<username>$ dropdb <database>
```

■ 建立新的使用者 <user>

```
$ sudo -i -u postgres
[sudo] password for <username>:
postgres@<username>$ createuser -P <user>
Enter password for new role:
Enter it again:
```

■ 刪除使用者 <user>

```
postgres@<username>$ dropuser <user>
```

■ 進入 psql 環境

```
postgres@<username>$ psql
```

■ psql 常用指令

◆ 設定使用者的資料庫操作權限

```
postgres=# grant all privileges on database "<database>" to "<user>";
```

◆ 更改使用者 <user> 的密碼

```
postgres=# \password <user>
```

◆ 列出所有資料庫

```
postgres=# \l
```

◆ 列出 <database> 裡的所有資料表

```
postgres=# \c <database>
<database>=# \dt
```

◆ 列出 <database> 裡的資料表 <table> 裡的所有資料

```
postgres=# \c <database>
<database>=# \l <table>
```

◆ 列出 <database> 裡的所有資料表裡的所有資料

```
postgres=# \c <database>
<database>=# \l
```

■ 離開 psql

```
postgres=# \q
```

■ 離開 postgres 環境

```
postgres@<username>$ exit
```

■ 覺得 `sudo -i -u postgres` 指令輸入很麻煩？

→ 在 *~/.bashrc* 檔案加入以下這行，以後簡單地打 `pg` 就可以囉！

```
alias pg='sudo -i -u postgres'
```

3.3 資料庫遷移

資料庫建立之後，下一個工作就是在資料庫中建立資料表（Data table），Django 建立資料表的程序如下：

1. 設計資料模型：利用 Python 的類別（Class）來規劃資料模型（Model），包括資料模型名稱、欄位名稱以及欄位資料型態等
2. 進行資料庫遷移：依照所規劃的資料模型在資料庫中新增資料表，Django 之資料庫遷移分爲兩個步驟：

   (1) `makemigrations`：依照資料模型產生用來建立資料表的 SQL 程式

   (2) `migrate`：執行上述的 SQL 程式，在資料庫中實際建立資料表

目前 blog 專案尚無任何資料模型，但 Django 本身預設有許多資料模型（例如：User model）需要建立資料表，專案才能順利運行，因此，在建立資料庫之後就要立刻進行資料庫遷移來產生 Django 預設的資料表。而且，以後只要資料模型有任何異動，都需要立即執行資料庫遷移程序。

在 Eclipse 中執行資料庫遷移的程序如下：

1. 執行 Makemigrations 指令產生 SQL 程式：

   ◆ Right click project → Django → Custom Command → Select the command to run or enter a new command: `makemigrations` → OK

   ```
   No changes detected
   ```

   ▲ 因本專案尚未建立任何 Model，因此出現 `No changes detected`（Django 預設的資料模型已經執行過 `makemigrations`，所以此時再次執行會得到 `No changes detected`）

   ▲ 第一次執行時需要輸入 `makemigrations` 指令，下次執行時該指令就會出現在選項中，直接雙擊點選即可

註：在 Eclipse 中，Right click project → Django → Make Migrations 指令是針對單一 App 進行 Migrations，由於我們希望一次遷移所有檔案，因此使用客製化指令（Custom command : Makemigrations）。

2. 執行 `Migrate` 指令，Django 會利用 Makemigrations 所產生的 SQL 程式來產生資料表：

◆ Right click project → Django → `Migrate`

```
Operations to perform:
  Apply all migrations: ...
Running migrations:
  Applying ... OK
  ...
```

備註：資料庫遷移之 CLI

■ 亦可以 CLI 執行資料庫遷移，指令如下（先啓用虛擬環境並 `cd` 到專案根目錄）：

```
(blogVenv)$ python manage.py makemigrations
(blogVenv)$ python manage.py migrate
```

3.4 啓動伺服器並測試

虛擬環境已建立、相關套件已安裝、專案已建立、專案設定資料已設好、資料庫已建立、資料表已建立，看來一切都已就緒（像不像火箭發射前的各項繁複檢查？），接下來就可以開始測試我們的系統是否能正常運作囉。

啓動伺服器

在 Eclipse 中：

■ Right click project → Run As → PyDev: Django

Console（控制台）視窗會出現以下訊息：

```
Performing system checks...

Watching for file changes with StatReloader
System check identified no issues (0 silenced).
...
Django version ..., using settings 'blog.settings'
Starting development server at http://127.0.0.1:8000/
Quit the server with CONTROL-C.
```

經過第一次啓動伺服器後，以後就可以利用 Eclipse 上方工具列的下拉式選單 來啓動伺服器，如圖 3.1，點選右方的向下箭頭，從選單中點選 `1 blog blog` 即可執行：

圖 3.1　啓動伺服器

備註：啓動伺服器之 CLI

- 亦可以 CLI 啓動伺服器，指令如下（先啓用虛擬環境並 cd 到專案根目錄）：

```
(blogVenv)$ python manage.py runserver
```

開啓瀏覽器測試

開啓瀏覽器並輸入本機網址 `localhost:8000`（或 `127.0.0.1:8000`），得到如圖 3.2 結果，哇啦！又成功了！恭喜、恭喜！

圖 3.2　開啓瀏覽器測試畫面

Django 伺服器使用的標準埠號為 8000，如果要改換其他埠號（例如 5000），只要在啓動伺服器的指令後加上埠號：

```
(blogVenv) $ python manage.py runserver 5000
```

並且在瀏覽器輸入本機網址後加上相同埠號即可 `localhost:5000`（或 `127.0.0.1:5000`），同一部電腦可以執行許多使用不同埠號的伺服器。

備註：Eclipse 的操作

- 關閉專案：同時開發許多專案時，左側欄會出現許多專案的目錄及檔案，可以將目前不需要編輯的專案關閉，以免看來雜亂或者編輯錯誤檔案

  Right click project → Close Project

- 開啓專案：

  Right click project → Open Project

- 匯入 Eclipse 專案（有 *.project* 及 *.pydevproject* 檔案）：從其他目錄將專案匯入到工作區

  File → Import → General → Existing Projects into Workspace → Next → 勾選 Copy projects into workspace, (Select root directory) Browse → 選擇專案根目錄 → OK → Finish

- 匯入非 Eclipse 專案（沒有 *.project* 及 *.pydevproject* 檔案）：從其他 Eclipse 專案複製 *.project* 及 *.pydevproject* 兩個設定檔到專案根目錄，修改內容，然後匯入：

.project：修改專案名稱

```
<?xml version="1.0" encoding="UTF-8"?>
<projectDescription>
  <name>blog</name>
  <comment></comment>
  <projects>
  </projects>
  <buildSpec>
    <buildCommand>
      <name>org.python.pydev.PyDevBuilder</name>
      <arguments>
      </arguments>
    </buildCommand>
```

```
  </buildSpec>
  <natures>
    <nature>org.python.pydev.pythonNature</nature>
    <nature>org.python.pydev.django.djangoNature</nature>
  </natures>
</projectDescription>
```

.pydevproject：修改解譯器名稱

```
<?xml version="1.0" encoding="UTF-8" standalone="no"?>
<?eclipse-pydev version="1.0"?><pydev_project>
    <pydev_variables_property name="org.python.pydev.PROJECT_VARIABLE_
SUBSTITUTION">
        <key>DJANGO_MANAGE_LOCATION</key>
        <value>manage.py</value>
    </pydev_variables_property>
    <pydev_pathproperty name="org.python.pydev.PROJECT_SOURCE_PATH">
        <path>/${PROJECT_DIR_NAME}</path>
    </pydev_pathproperty>
    <pydev_property name="org.python.pydev.PYTHON_PROJECT_VERSION">python
interpreter</pydev_property>
    <pydev_property name="org.python.pydev.PYTHON_PROJECT_
INTERPRETER">blogPython</pydev_property>
</pydev_project>
```

- 刪除專案：

  Right click project → Delete →（勾選 Delete contents on disk）OK

- Console 不見了：Window → Show View → Console

- 執行按鈕不見了：Window → Perspective → Customize Perspective →（展開）Launch → 勾選 Run → OK

- Perspective 弄亂了：Window → Perspective → Reset Perspective → Yes

- 若出現 `Unable to bind localhost:8000` 錯誤訊息，表示 Socket 被佔用（可能是之前執行未正常結束），可將其刪除：

  ```
  $ fuser -k 8000/tcp
  ```

3.5 Model-view-controller（MVC）軟體架構模式

動態網頁系統開發常用 Model-view-controller（MVC）模式，它是一個軟體架構，將一個專案的程式及資料分成三部分，彼此隔開，不相互干擾：

- Model：資料庫模型
- View：網頁外觀的呈現，例如 HTML 及 CSS 等
- Controller：流程控制與決策的程式（即商業邏輯，Business logic）

MVC 將資料、呈現與邏輯分開，有以下優點：

- 程式可以重複使用
- 後續維護方便
- 未來功能擴充較爲單純
- 減少系統三個部分的相互干擾，人員可各司其職，讓工作切割合理化

未使用 MVC 模式範例：以下 PHP 程式與 HTML 碼互相穿插、混雜在一起，維護困難，且此檔案裡的程式無法分享。

```
1   <?php
2   if ($_POST['formSubmit'] == "Submit") {
3     $errorMessage = "";
4     if (empty($_POST['formMovie'])) {
5       $errorMessage .= "<li>您忘了輸入電影名稱！</li>";
6     }
7     if (empty($_POST['formName'])) {
8       $errorMessage .= "<li>您忘了輸入名字！</li>";
9     }
10    $varMovie = $_POST['formMovie'];
11    $varName = $_POST['formName'];
12    if (empty($errorMessage)) {
13      $fs = fopen("mydata.csv","a");
14      fwrite($fs,$varName . ", " . $varMovie . "\n");
15      fclose($fs);
16      header("Location: thankyou.html");
17      exit;
18    }
```

```
19 }
20 ?>
21
22 <!doctype html>
23 <html>
24 <head>
25 <title>My Form</title>
26 </head>
27 <body>
28
29 <?php
30 if (!empty($errorMessage)) {
31   echo("<p>您的表單有問題：</p>\n");
32   echo("<ul>" . $errorMessage . "</ul>\n");
33 }
34 ?>
35
36 <form action="myform1.php" method="post">
37   <p>您最喜愛的電影？<br>
38     <input type="text" name="formMovie" maxlength="50" value="<?=$varMovie;?>">
39   </p>
40   <p>您的名字？<br>
41     <input type="text" name="formName" maxlength="50" value="<?=$varName;?>">
42   </p>
43   <input type="submit" name="formSubmit" value="Submit">
44 </form>
45 </body>
46 </html>
```

Django 亦使用 MVC 模式，但稱爲 Model-template-view（MTV）：

- MTV 的 model 即爲 MVC 的 model，亦即資料模型
- MTV 的 template 即爲 MVC 的 view，亦即前端網頁
- MTV 的 view 即爲 MVC 的 controller，亦即後端程式

3.6 專案的組成要件

一個專案的組成要件包括專案本身、虛擬環境、整合式開發環境及資料庫，如圖 3.3 所示：

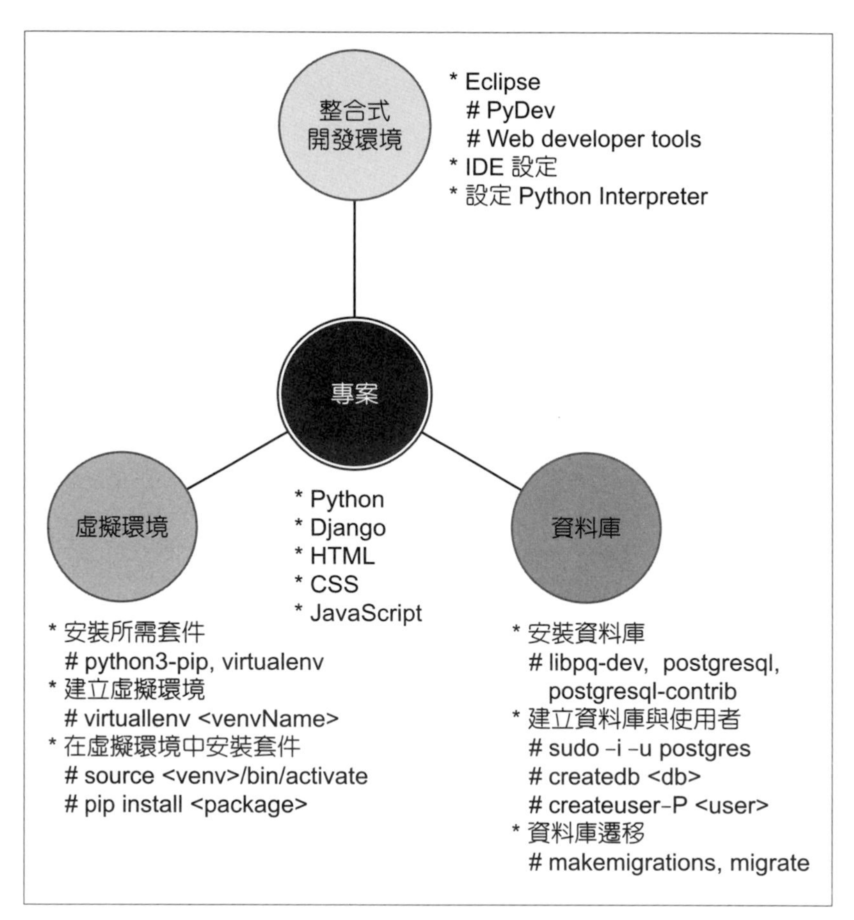

圖 3.3　專案的組成要件

我們目前已完成下列各項：

- 整合式開發環境：安裝 Eclipse、PyDev 與 Web Developer Tools，並做相關設定
- 虛擬環境：安裝建立虛擬環境所需要的程式（`virturlenv`）、建立虛擬環境（`blogVenv`）、在虛擬環境中安裝套件（`django, psycopg2`）、在 Eclipse 中設定解譯器（`blogPython`）
- 專案：建立一個專案（`blog`），並完成各項專案設定
- 資料庫：安裝資料庫套件、建立資料庫與使用者（`blogdb, dbuser`）、資料庫遷移（`Makemigrations, Migrage`）

如果有多位開發者協同開發專案，則以上要件中除了專案本身是分享的（參見第 4 章「版本控制」），其餘都是各個開發者本機端的設定，並不分享，因此需要各自安裝及設定。

接下來，我們就要專注在專案的開發，包括撰寫 Python/Django 程式、HTML 與 CSS 碼，休息一下再上路囉！

3.7　小結：建立新專案的程序

建立一個新專案的程序如下：

1. 建立虛擬環境：`virtualenv ...`
2. 啓用虛擬環境：`activate`
3. 安裝套件：`pip install ...`
4. 在 Eclipse 中設定 `Python Interpreter`
5. 在 Eclipse 中建立新 Django 專案
6. 在專案的 *settings.py* 檔案進行相關設定
7. 建立資料庫：`createdb ...`
8. 建立資料庫使用者（註：僅需建立一個，以後的專案可以共用）：`createuser -P ...`
9. 賦予使用者權限：`grant all privileges ...`
10. 資料庫遷移：`makemigrations, migrate`
11. 啓動伺服器
12. 瀏覽器測試

3.8 練習

建立另一個新專案 bookstore（書店）：

- 建立新虛擬環境，啓用虛擬環境，並在虛擬環境中安裝套件
- 在 Eclipse 中設定 Python 解譯器（Interpreter）
- 建立新資料庫並賦予使用者權限
- 建立新專案、在 *settings.py* 中完成相關設定
- 進行資料庫遷移，確認專案可以正常運作
- 啓動伺服器，確認專案可以正常運作

Chapter 4

版本控制

學習目標

- 版本控制的功能及分類
- 將專案納入版本控制
- 版本控制設定
- 上推雲端與下拉本機端
- 版本控制流程與範例

4.1 版本控制簡介

版本控制功能

版本控制（Version control）主要的功能在於有系統地記錄資料異動的內容、時間、異動者等，讓系統開發歷程有完整的紀錄，並且可以提供比對、說明與評論功能，以了解資料異動前後的差異、理由與建議。此外，專案可以往前回復到某個時間點的版本，因此專案絕不會被某人搞壞！版本控制最適合多人共同開發同一專案時，協調開發者之間的資料異動，而且還可以分叉（Fork），亦即從某個點延伸出另外一個專案分支（Branch），產生另一個類似的專案。

版本控制系統分類

版本控制系統（Version control system, VCS）主要分成兩類：

- 集中式，例如：Subversion（SVN）
- 分散式，例如：Git, Mercurial

而 Github 則是提供雲端 Git 版本控制服務的供應商，目前約有 1,000 萬個專案儲存在 Github 上，是全世界最大的平台。EGit 是 Eclipse 的插件，在 Eclipse 中提供 Git 版本控制功能。

備註：版本控制的重要性

- 作者曾上過一門系統開發課程，課中講師提及：如果你所待的公司沒有使用版本控制，那就趕快離職！如果不想離職，那就幫公司導入版本控制！

4.2 將專案納入版本控制

接下來我們就要將專案納入版本控制，讓每次的異動都留下紀錄。

建立雲端儲存庫

首先至 Github（https://github.com/）註冊帳號：

- 點擊（右上角）Sign up 按鈕，輸入 Username, Email Address, Password → Verify account → Create an acccount，然後到您的電子郵件信箱確認，即可建立一個帳號

接著在雲端建立一個名爲 blog 的儲存庫（Repository, Repo）：

- 點選（右上角）使用者頭像 → Your profile → Repositories 頁籤 →「New」按鈕 → Repository name: `blog`，勾選 `Private`（私密）選項 → Create repository

需要的話，可加入協同開發者：

- 至 blog 專案頁面 →（右上角）Settings 頁籤 →（左方）Collaborators（可能需要再次輸入密碼）→ Search by username, full name or email address 欄位輸入協同開發者帳號（Github 會自動搜尋）→ Add collaborator，即可與工作夥伴或朋友一起開發系統！

建立本機端儲存庫

雲端儲存庫建立完畢後，接著進行本機端有關 Git 的各項設定：

在 Eclipse 中設定 Git 版本控制，首先設定 Git 目錄：

- Preferences →（展開）Team → Git →（右欄）Default repository folder: `.../webapps/git` → Apply and Close

接著選擇 Commit 對話框的模式：

- Preferences →（展開）Team →（展開）Git → Committing →（右欄）取消勾選 Use Staging View to commit instead of Commit Dialog → Apply and Close

建立本機端 blog 儲存庫：

- Right click project → Team → Share Project → Create → Repository directory: `.../webapps/git/blog` → Finish → Finish

本機端儲存庫建立之後，blog 專案即納入版本控制，而且 Eclipse 會將專案移至 .../*webapps/git/blog* 目錄下（多一層 *blog* 目錄），目前的目錄結構如下：

webapps/
　git/
　　blog/
　　　.git/
　　　blog/　**# 納入版本控制後的專案目錄**
　　　　blog/
　　　　manage.py
　virtualenv/
　　blogVenv/
　workspace/

其中 *.git/* 是版本控制目錄，裡面記錄專案的所有資料以及每次資料的異動，如前所述，Eclipse 將此目錄與專案目錄並列（亦即「隔開」）。

修改 config 設定檔

在 *.git/* 目錄中有一個名爲 *config* 的設定檔，裡面記錄 Git 的相關設定，我們需要輸入雲端的儲存庫資料，編輯該檔以設定遠端 Git repository 資料：

.../webapps/git/blog/.git/config

```
1   [core]
2       repositoryformatversion = 0
3       filemode = true
4       logallrefupdates = true
5   [remote "origin"]
6       url = https://github.com/gitUser/blog
7       fetch = +refs/heads/*:refs/remotes/origin/*
8   [branch "master"]
9       remote = origin
10      merge = refs/heads/master
```

加入 6 行資料（第 5 至 10 行），其中 `remote "origin"` 指的是遠端的分支稱爲 `origin`，其下記錄雲端網址。`branch "master"` 指的是本機端的分支，稱爲 `master`，`gitUser` 則是在 github 所註冊的帳號（記得改爲自己的註冊帳號名稱）。相關網址及資料均設定好後，即可將專案上推至雲端。

上推至雲端

某些檔案或目錄不需要版本控制，可以在專案目錄下建立 *.gitignore* 檔案，將不需版本控制的資料寫入，在上推（Push）或下拉（Pull）時就會忽略這些檔案或目錄，內容如下：

.../webapps/git/blog/blog/.gitignore

```
1  *~
2  __pycache__
3  *.pyc
```

其中所設定忽略的項目：

- 檔名以波浪符號（~）結尾：此類檔案多爲備份檔案，無需版本控制
- *__pycache__* 目錄：Python 的二元執行檔目錄
- 檔名以 *.pyc* 結尾：Python 的二元執行檔

接下來即可將專案上推到 Github：

- Right click project → Team → Commit →（Eclipse 可能詢問 Username 與 Email：Name: xxx, Email: xxxx@xxx.xxx，勾選 Don't show this dialog again) → OK → Commit message: `First push` → 勾選所有檔案 → Commit and Push → 輸入 User 與 Password → OK → Close

上推成功後，可以至 Github 網站檢視 Push 的結果。

協同開發者匯入雲端專案

專案上推到雲端後，即開始了版本控制的生命週期，此時協同開發者可以下拉專案到本機端進行系統修改，步驟如下：

- File → Import →（展開）Git → Projects from Git → Next → Clone URI → Next → URI: `https://github.com/gitUser/blog` → Next → 勾 master → Next → 目錄：`.../webapps/git/blog` → Next → 勾 Import existing Eclipse projects → Next → 勾 blog → Finish

其中 `gituser` 是上推專案到 Github 的使用者帳號。

後續上推與下拉

進入版本控制之後，各個開發者會不斷地修改專案，並將修改的結果上推到雲端：

- Right click project → Team → Commit → Commit message: xxxxxxxx → Commit and Push → 輸入 User 與 Password → Next → OK

其他開發者則下拉在雲端的新版資料，並且合併到本機端：

- Right click project → Team → Pull → OK

檢視版本內容差異

版本控制的好處之一是可以比較版本內容的差異，以了解修改了哪些地方，在 Github 上檢視版本差異：

- 在 Github 中進入專案 →（右上方）History → 點選所需要檢視的 Commit 版本

也可以在本機端的 Eclipse 中比較檔案前後版本內容差異：

- 右鍵點需要檢視的檔案 → Compare With → Previous Revision

4.3 版本控制流程範例

範例 1：開發者自由上推或下拉

假設現在有兩位開發者（A 與 B）協同開發同一專案，兩者均可自由上推或下拉專案資料，則版本控制流程如圖 4.1。

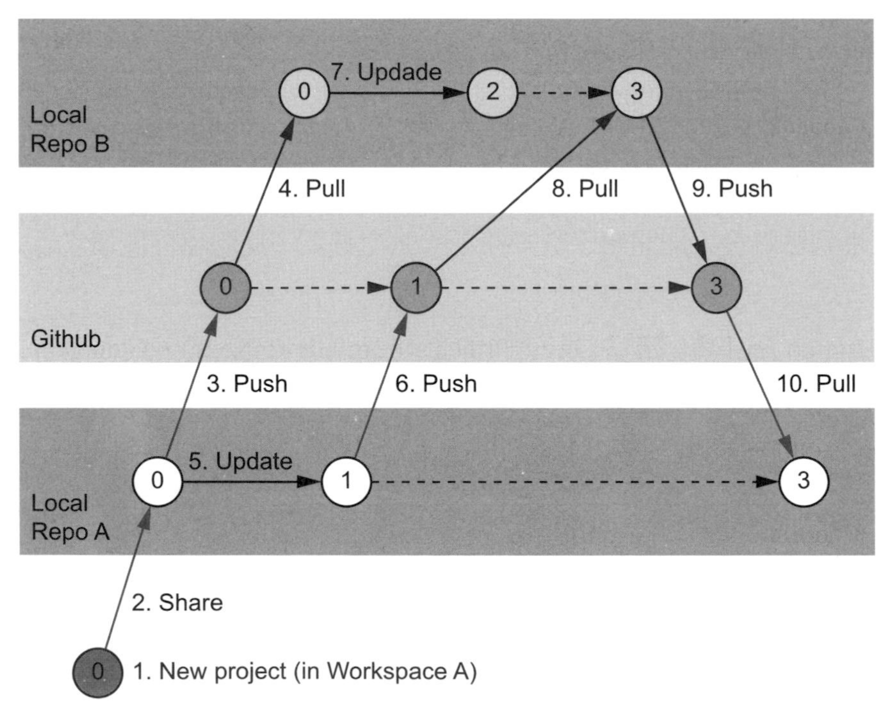

圖 4.1　開發者自由上推或下拉專案資料

圖 4.1 程序說明如下：

1. A 在本機端 Workspace 建立 Project（版本 0）
2. A 的 Project 進入版本控制（版本 0）：在本機端的儲存庫（Local repository, Repo A）
3. A 上推至 Github（版本 0）
4. B 下拉至 Repo B（版本 0）
5. A 修改（版本 1）
6. A 上推（版本 1）
7. B 修改（版本 2）
8. B 下拉（版本 3：合併版本 1 與 2）
9. B 上推（版本 3）
10. A 下拉（版本 3）

範例 2：開發者 A、B 與 C 協同開發同一專案，程式需經過檢視並同意後才合併

在範例 1 中，開發者可自由上推或下拉資料，但結果可能是上推了一堆垃圾資料；較爲嚴謹的作法應該要導入「程式檢視」（Code review）程序：

- 程式修改後，開發者發出下拉請求（Pull Request, PR）訊息給程式檢視員
- 程式檢視員檢視程式，如果有問題，通知開發者修正，修正完後開發者再次發出下拉請求，此程序可能重複多次
- 程式檢視通過後，程式檢視員將修正後的程式合併（Merge）到主分支

假設有三位開發者 A、B 與 C，其中 C 爲專案創立者，並扮演程式檢視角色，A 與 B 則爲實際程式開發者。A 與 B 均修改其 *config* 設定檔：

A 的 config

```
1   [core]
2       ...
3   [remote "origin"]
4       url = https://github.com/gitUserA/blog
5       fetch = +refs/heads/*:refs/remotes/origin/*
6   [branch "master"]
7       ...
8   [remote "base"]
9       url = https://github.com/gitUserC/blog
10      fetch = +refs/heads/*:refs/remotes/origin/*
```

B 的 *config*

```
1    [core]
2        ...
3    [remote "origin"]
4        url = https://github.com/gitUserB/blog
5        fetch = +refs/heads/*:refs/remotes/origin/*
6    [branch "master"]
7        ...
8    [remote "base"]
9        url = https://github.com/gitUserC/blog
10       fetch = +refs/heads/*:refs/remotes/origin/*
```

以上 **remote "base"** 爲遠端主分支 base，此即爲 C 開發者所建立之雲端儲存庫。**gitUserA**, **gitUserB**, **gitUserC** 分別爲開發者 A、B 與 C 在 github 所註冊的帳號。

有程式檢視程序的版本控制流程如圖 4.2：

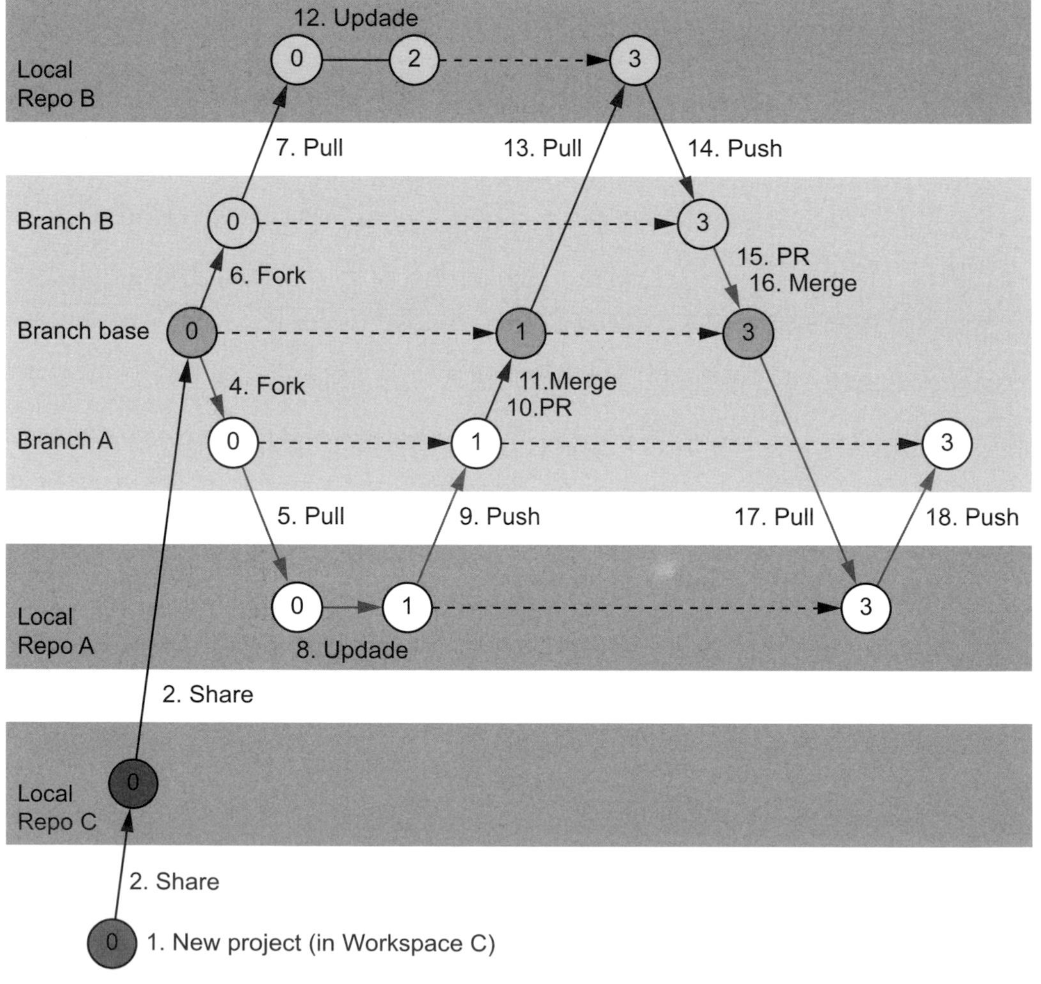

圖 4.2　有程式檢視程序的版本控制流程

以上程序說明如下：

1. C 在本機端 Workspace 建立 Project（版本 0）
2. C 將 Project 納入版本控制（Repo C，版本 0）
3. C 上推成為主分支（Base，版本 0）
4. A 進行分叉（Fork）產生 A 分支（Branch A，版本 0）
5. A 下拉 Branch A（Repo A，版本 0）
6. B 進行分叉產生 B 分支（Branch B，版本 0）
7. B 下拉 Branch B（Repo B，版本 0）
8. A 修改（版本 1）
9. A 上推（Branch A，版本 1）
10. A 發出下拉請求（Pull Request, PR）
11. C 檢視程式無誤後，將 A 分支合併（Merge）到主分支（Base，版本 1）
12. B 修改（版本 2）
13. B 下拉主分支（Rcpo B，版本 1 與 2 合併產生版本 3）
14. B 上推（Branch B，版本 3）
15. B 發出下拉請求（PR）
16. C 檢視程式無誤後將 B 分支合併到主分支（Base，版本 3）
17. A 下拉主分支（Repo A，更新至版本 3）
18. A 上推（Branch A，版本 3）

4.4 練習

將前一章所建立的 bookstore 專案納入版本控制：

1. 建立 Github 雲端儲存庫（Repository）
2. 建立本機端儲存庫
3. 修改 *config* 設定檔以設定遠端 Git repository 資料
4. 上推至 Github 並檢視上推結果

NOTE

Chapter 5

部落格系統

學習目標

- Django 處理 HTTP 請求的流程
- Views 程式處理 HTTP 請求
- URL 網址的對應

5.1　系統功能規劃

從本章起，我們將陸續爲 blog 系統添加功能，系統功能規劃如下：

- 首頁：系統首頁
- 關於：有關網站的說明
- 部落格：管理者（即部落客）可以新增、修改及刪除文章，訪客可閱讀文章，會員則可針對文章留言或按讚
- 註冊、登入、登出：訪客可註冊，會員可登入或登出系統

5.2　Django 處理 HTTP 請求的程序

Django 處理 HTTP 請求（HTTP Request）的流程如圖 5.1 所示：

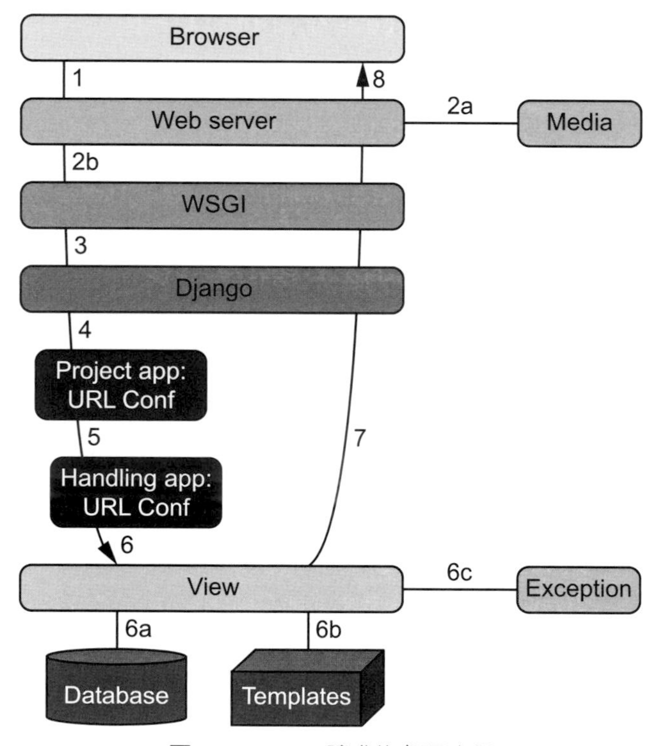

圖 5.1　HTTP 請求的處理流程

說明如下：

1. 使用者瀏覽器發出請求（Request）
2. 網站伺服器（Web server）接收到請求
    a. 如果請求是靜態檔案，就直接傳出資料，流程結束
    b. 否則將請求轉給 WSGI 介面（WSGI interface），此爲伺服器與 Python 應用程式溝通的中介軟體（Middleware）
3. 請求送至 Django 框架
4. 依據專案直屬 App 規劃的 URL 組態（URL conf）進行網址對應，確定網址格式正確，並決定由哪一個 App 來負責處理
5. 依據負責處理請求的 App 所規劃的 URL 組態進行網址對應，確定網址格式正確，並決定由哪一個 Views 函式來負責處理
6. 將請求送至該 Views 函式處理，如果有需要的話：
    a. 存取資料庫（Database）
    b. 處理範本（Templates）
    c. 處理例外（Exception）
7. 將處理結果回覆給伺服器
8. 最後伺服器將結果回覆（Response）瀏覽器

Django 專案是由許多 App（Application，應用程式）所組成，我們可以規劃每一個 App 負責某項功能，因此各個功能選項就規劃給對應的 App 來處理。舉例來說，我們開發了一套線上教材，使用者可以輸入 URL 請求來閱讀各科目的某項議題。以下分別以閱讀 Python 科目的字串與串列章節，以及網頁設計的 HTML 與 CSS 章節爲例說明：

```
http://www.mysite.com/python/strings/
http://www.mysite.com/python/lists/
http://www.mysite.com/webdesign/html/
http://www.mysite.com/webdesign/css/
```

以上網址可分爲兩部分：

- 網域：`http://www.mysite.com` 透過網際網路上許多的網域伺服器（Domain name server, DNS）層層轉送瀏覽器的請求到我們的伺服器，此段網址無需判斷或處理，因爲網域錯誤就不會到達我們的伺服器了

- 網域後的字串：Django 將分段進行分析，以確定使用者請求的內容，以及如何處理

當使用者在瀏覽器輸入一串網址字串或點選某個網址連結時，我們的程式就需要分析這串網址，以了解使用者打算執行什麼功能，這樣的分析稱為 URL 對應（URL mapping），亦即，什麼樣的網址該對應到哪個執行函式。如前所述，Django 的架構是專案（Project）裡有許多 App（應用程式），而一個 App 裡可以包含許多函式，以上述四個請求看來，我們可以規劃 python 與 webdesign 兩個 App，分別處理這兩個科目。因此，網址的對應將分為兩個階段：

- App 對應：由專案直屬 App 負責對應，以確定由哪個 App 來處理該請求
- 函式對應：由所指定 App 負責對應，以確定由哪個函式來處理該請求

例如，使用者輸入了 `http://www.mysite.com/python/strings/` 網址，表示使用者想閱讀 Python 科目的字串議題，因此將進行比對的字串是 `python/strings/`。

第一階段對應：假設專案所屬的 App 對應了 `python/` 字串，判斷應由 python app 來處理這個請求，那麼專案 App 就會將剩下的 `strings/` 字串傳給 python app 繼續對應。

第二階段對應：假設 python app 將 `strings/` 對應到 `strings()` 函式，那麼這個請求就會由該函式來處理。確定由哪個函式處理 HTTP 請求之後，就剩下該如何處理的問題了。

註：
- 習慣上，Django 的 URL 字串結尾有一個斜線
- 之後本書中的 URL Request 格式將省略域名，僅顯示網域之後的 URL 資料

5.3 建立一個新 App

系統功能規劃完成，並且了解 Django 處理 URL 對應的程序，我們就可以開始建構各項系統功能了。通常我們會先建立一個 main app，其主要功能為顯示首頁，並置放所有 App 共用的資源。在 Eclipse 中建立一個新的 Django app 程序如下：

- Right click project → Django → Create Application → Name of the django app to be created: `main` → OK（註：執行完成若看不到新建立的 app，可以點選專案並按下 F5 刷新資料後，即可看到）

備註：以 CLI 建立新 App

- 亦可利用 CLI 來建立 main app，指令如下（先啟用虛擬環境，並 cd 到專案根目錄）:

```
(blogVenv)$ python manage.py startapp main
```

每一個 Django app 預設的架構都相同，包含以下目錄及檔案：

main/
  migrations/
  __init__.py
  admin.py
  apps.py
  models.py
  tests.py
  views.py

其中：

- *migrations/*：資料庫遷移目錄，儲存此 App 的資料庫遷移程式
- *__init__.py*：指明這是一個 Python 套件（Package），因此，其他程式可匯入本 App 的資料
- *admin.py*：內容包含可在管理者介面檢視的資料表
- *apps.py*：有關本 App 的相關設定
- *models.py*：資料模型
- *tests.py*：測試程式
- *views.py*：處理 HTTP Request 的程式

每新增一個 App 均需在設定檔裡的 `INSTALLED_APPS` 中登記，如此 Django 才會認得此 App：

blog/settings.py

```
1   ...
2   INSTALLED_APPS = [
3       ...
4       'django.contrib.staticfiles',
5       'main',
6   ]
7   ...
```

Django 利用 Python 的串列來儲存已建立的 App，包括 Django 預設的 App。習慣上，Python 串列中的最後一個元素會保留逗點，以方便未來增減項目。

建立 views 程式

在 Django 的架構中，處理商業邏輯（Business logic）的程式統稱為 views 程式，是用來處理 HTTP 請求的程式，也就是所謂的後端程式（MTV 架構中的 V）。在每個新建的 App 中都有一個預設的 *views.py* 檔案，我們打算將顯示首頁的功能以 `main()` 函式來處理：

main/views.py

```
1   from django.shortcuts import render
2   from django.http import HttpResponse
3
4
5   def main(request):
6       '''
7       Show 'Hello world!' in the main page
8       '''
9       return HttpResponse('Hello world!')
```

說明如下：

- `from ...`：匯入回覆 HTTP 請求的套件 `HttpResponse`
- `def main(request)`：定義 `main()` 函式來處理使用者的 HTTP 請求
    - Django 會傳入 HTTP request 的資料，`main()` 函式以 `request` 參數帶入（習慣上使用 `request` 名稱，亦可使用其他名稱）。`request` 的內容包括使用者提出 HTTP 請求的相關資訊，例如使用者名稱、所使用的瀏覽器、作業系統、請求的時間、請求所使用的方法等
    - `'''Show ...'''`：函式註解
    - `return HttpResponse(...)`：回覆一個 `HttpResponse` 物件，其參數是一個字串（本例為 `Hello world!`），此字串將顯示在使用者的網頁中

備註：HttpResponse 物件與 HTML 狀態碼

- Django 的 views 函式最後都需要回覆一個 `HttpResponse` 物件，此類物件包括：
  - `HttpResponse()`：回覆字串或物件
  - `render()`：回覆網頁
  - `redirect()`：轉址
  - `get_object_or_404()`：如果找不到資料就回覆 404 訊息
- 常見的 HTML 狀態碼（Status code）
  - 200：請求成功
  - 302：轉址成功
  - 304：文件未修改
  - 404：找不到網頁
  - 500：應用程式錯誤

規劃 URL 對應

接下來的工作就是規劃 URL Request 的格式：若為 `main/`，就由 main app 來處理。此為第一階段之 URL 對應，我們在專案的 URL 組態檔（*blog/urls.py*）中匯入相關套件，並增加兩個 URL mapping：

blog/urls.py

```
1   ...
2   from django.contrib import admin
3   from django.urls import path, include, re_path
4   from main import views
5
6   urlpatterns = [
7       path('admin/', admin.site.urls),
8       path('main/', include('main.urls', namespace='main')),
9       re_path('.*', views.main),
10  ]
```

說明如下：

- `from ... import ...`：匯入 `include, re_path` 與 `main.views` 模組
- `urlpatterns`：Django 利用 Python 的串列資料結構來儲存各個 URL 的對應
    - 變數名稱必須是 `urlpatterns`
    - 每個 URL 對應利用 `path()` 或 `re_path()` 函式來設定
- URL mapping 項目
    - `path('admin/', ...)`：如果 URL 格式為 admin/...，則使用 `admin.site.urls` 模組進一步比對 URL，此為 Django 內建管理者模組
    - `path('main/', ...)`：如果 URL 格式為 main/...，則匯入 `main.urls` 模組進行第二階段比對。同時，將此 URL 格式的名稱空間（Namespace）命名為 `main`，以供組合具名 URL 時使用（詳見以下備註：具名 URL）。由於 *main.urls* 模組尚未建立，Eclipse 會顯示錯誤
    - `re_path('.*', views.main)`：使用常規表示式（Regular expression, re）的路徑格式，點號（.）表示任何字元，星號（*）表示其左方的字元可以出現 0 或多次。因此 `'.*'` 可對應任何字串（包括空字串）。此項目的機制是當所有的 URL 對應都失敗的話，就由 `main.views.main` 函式處理，不要顯示「找不到網頁」之錯誤訊息，因此，此項目應該放在最後一個

接下來建立 main app 的 *urls.py* 以處理第二階段的 URL 對應：

- Right click main app → New → File → File name: `urls.py` → Finish

main/urls.py

```
1  from django.urls import path
2  from main import views
3
4
5  app_name = 'main'
6  urlpatterns = [
7      path('', views.main, name='main'),
8  ]
```

- `from ...`：匯入所需之 `path` 模組
- `app_name = 'main'`：指明此 App 的名稱爲 `'main'`
- `urlpatterns ...`：利用串列來儲存各個 URL 的對應（類似 *blog/urls.py*）
  - 串列變數名稱必須是 `urlpatterns`
  - 每個 URL 對應均利用 `path()` 函式來設定（目前只有一個），並有三個參數：
    - 第 1 個參數是 URL 格式：'' 表示空字串，亦即經過專案直屬 app 的 URL 對應之後所剩下的空字串
    - 第 2 個參數 `views.main`：此 URL 請求將由 `main.views` 模組裡的 `main()` 函式來處理
    - 第 3 個參數 `name='main'`：將此 URL 對應命名爲 main，以供組合具名 URL 時使用（詳見以下備註：具名 URL）
- `URL mapping`：當使用者輸入了 **main/**，此 URL 字串符合 *blog.urls* 裡的 'main/' 格式，因此，Django 將剩餘字串（空字串）送到 `main.urls` 對應，空字串符合 '' 格式，因此由 `main.views.main` 函式來處理

備註：具名 URL（Named URL）

Namespace 的用途在於避免不同開發者使用相同的 URL mapping 名稱而造成衝突，不同的開發者彼此依賴的程度應該越低越好，例如：

- *app1.urls* 有如下的 URL mapping：

```
urlpatterns = [
    path('', views.main, name='main'),
]
```

- *app2.urls* 也有如下的 URL mapping：

```
urlpatterns = [
    path('', views.main, name='main'),
]
```

- 兩個相同的 main 名稱會造成衝突，解決之道：在各 App 的 URL mapping 名稱前面冠上名稱空間
- 假設在專案直屬的 *urls.py* 中分別設定：

```
path(..., include('app1.urls', namespace='app1')),
path(..., include('app2.urls', namespace='app2')),
```

- 因此 app1 的 main 就可稱爲 `app1:main`；而 app2 的 main 就稱爲 `app2:main`。
- 每個 app 有自己的 URL mapping 檔案，但專案的 URL mapping 只有一個檔案，因此可以很簡單地控制名稱空間不重複，就好像如果規定人的名字可以相同，但姓氏不能相同，那就沒有同名同姓的困擾，大家也可以自由取名
- 有了 Namespace 與 URL name，在網頁中就可以利用 `{% url '<Namespace>:<URLName>' %}` 格式來設定連結，以 `<a href='{% url 'main:main' %}'>` 回首頁 `</a>` 爲例，Namespace `'main'` 會產生 main/ 字串，而 URL name `'main'` 會產生空字串。因此，串連這兩個字串，最後就會產生 `main/` 的實際 URL，這種使用名稱的 URL 格式稱爲「具名 URL」（Named URL）

備註：啓動與停止伺服器

- Django 會在每次新增或修改程式檔（**.py*）時會重啓伺服器以載入新程式，但新增或修改其他檔案（例如：**.html*、**.css* 等）就不會重新啓動，因此，有時候新資料不會呈現，此時需要人工重啓伺服器：
  - 停止伺服器：按下 Eclipse 下方的 ■（Terminate）
  - 啓動伺服器：按下執行按鈕右邊的向下箭頭（Eclipse run button），會出現如下之選單，然後選擇 `1 blog blog`：

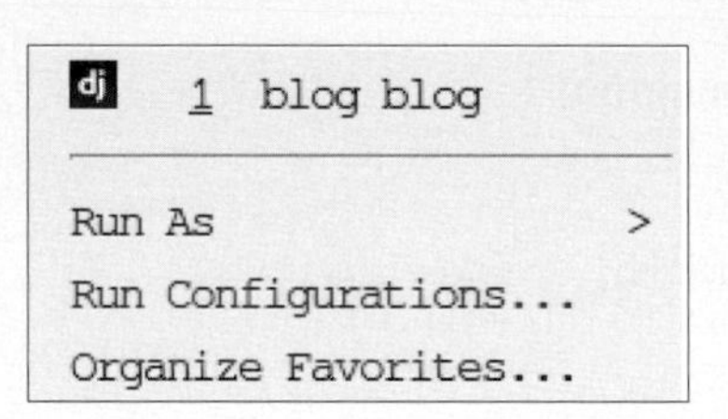

測試 App

確認伺服器已啓動，在瀏覽器輸入 `localhost:8000/main/`，結果如下：

```
Hello world!
```

此 URL 格式在第一階段 *blog.urls* 的對應中符合 `main/` 格式，因此匯入 *main.urls* 進行第二階段對應。經過第一階段對應後僅剩下空字串，而空字串在 *main.urls*

裡亦符合對應，因此由 `main()` 函式處理。`main()` 函式回覆一個 `HttpResponse` 物件，內含字串 `Hello world!`，因此在使用者網頁顯示該字串。如果在瀏覽器輸入 `localhost:8000/`, `localhost:8000/whatever/`, 或 `localhost:8000/whatever/whatever/` 等等，這些 URL 在第一階段會對應到 .* 格式，因此直接呼叫 `main()` 函式處理，其結果同上，因此，首頁的功能就此完成。

以長字串儲存 HTML 資料

目前的系統僅顯示 Hello World! 字串，但一般而言，網站所回覆的資料很多，不僅僅只有字串，因此應該回覆一個完整的 HTML 網頁。我們可以直接將 HTML 碼寫在程式裡回覆給使用者，例如修改 `main()` 函式：

main/views.py

```
1   from django.shortcuts import render
2   from django.http import HttpResponse
3
4
5   def main(request):
6       '''
7       Render the main page
8       '''
9       html = '''
10      <!doctype html>
11      <html>
12      <head>
13      <title>部落格</title>
14      <meta charset='utf-8'>
15      </head>
16      <body>
17      <p>這是 HTML 版的 Hello world!</p>
18      </body>
19      </html>
20      '''
21      return HttpResponse(html)
```

在瀏覽器輸入 `localhost:8000/main/`，結果如下：

```
這是 HTML 版的 Hello world!
```

右鍵點網頁（或按快捷鍵 ctrl+u）可檢視網頁原始碼如下：

```
<!doctype html>
<html>
<head>
<title>部落格</title>
<meta charset='utf-8'>
</head>
<body>
<p>這是 HTML 版的 Hello world!</p>
</body>
</html>
```

這就是我們在 `main()` 函式裡所設定的長字串內容。但這樣的寫法並不好，除了還是不容易寫大量的 HTML 資料外，主要是將程式和回覆訊息混雜在同一個檔案，不僅互相干擾、程式無法重複使用，也造成前後端無法正確分工，此外，這也違反了 Views 程式應該和 Templates 分開的原則（MTV）。

解決方案：將兩者分開，程式歸程式，資料歸資料，也就是將 HTML 碼寫入獨立的檔案中，下一章我們將進行這樣的修改。

最後將新的修改上推到 Github，Commit message: `Chapter 5 finished.`，本章工作結束，快樂收工囉！

5.4 小結：建立新 App 程序

建立一個新 App 的程序如下

1. 新增 App：Right click project → Django → Create Application
2. 至 *settings.py* 的 `INSTALLED_APPS` 登記
3. 設計 views 程式來處理 HTTP 請求

4. 在 App 的 *urls.py* 中設定 URL mapping 與 name；如果是新的 App，就要在專案的 *urls.py* 中設定 URL mapping 與 Namespace
5. 建立相關範本（下一章說明）

5.5　練習

先前我們建立了一個 bookstore 專案，現在也加上類似功能：

1. 在專案中建立一個 main app
2. 建立 `main()` 函式
3. 規劃兩階段 URL mapping
4. 測試 App：在瀏覽器輸入 `localhost:8000/main/` 並查看結果
5. 最後確認在瀏覽器輸入 `localhost:8000/` 之後任意加上任何字串，看看瀏覽器是否仍會正確處理請求

NOTE

Chapter 6

範本與靜態檔

學習目標

- 使用範本系統
- 範本系統與範本標籤
- 靜態檔案之處理方式
- 伺服器架構

6.1 範本系統

Django 的範本系統

Django 稱 HTML 檔案爲「範本」（Template，或稱爲「模板」），亦即使用固定樣式的範本，再加上動態資料的機制，即可產生動態文件（Dynamic document）。範本裡包含 HTML 碼，也可以有範本變數（Template variables）或範本語言（Django template language, DTL），這些均由 Django 的範本引擎（Template engine）來處理，透過範本變數及範本語言可以產生動態網頁，範本變數的值可以改變，範本語言執行結果也可以改變 HTML 的內容，這就是動態網頁最主要的功能。

Django 的範本目錄架構很嚴謹，目錄名稱一定是 *templates*，並置於 App 目錄之下，而且 *templates* 目錄底下還需要再建立一個 *<app>* 目錄，然後該 App 所有的範本都儲存在 *templates/<app>* 目錄裡。以 main app 而言，範本目錄架構如下：

```
main/
    templates/
        main/
            a.html
            b.html
            ...
```

爲何在 *templates* 目錄下還要有一個 *main* 目錄？在範本檔案前面冠上 *<app>* 名稱是個好方式，因爲在回覆 HTTP 請求時，就可以使用 *main/a.html* 的格式，清楚的顯示 *a.html* 是屬於 main app，要移植整份範本時，目錄架構仍能保持，程式不需變動結構。

在 *blog/settings.py* 裡有 TEMPLATE 相關設定：

```
1   TEMPLATES = [
2       {
3           'BACKEND': 'django.template.backends.django.DjangoTemplates',
4           'DIRS': [],
5           ...
6       },
7   ]
```

當使用範本時，Django 會自動在每個 App 下的 *templates* 目錄搜尋。如果要將範本放在其他地方，就必須在 *settings.py* 裡的 `'DIRS'` 裡指明。

備註：HTML 文件類型

HTML 文件有以下幾種類型：

- 靜態文件（Static document）：內容固定的文件
- 動態文件（Dynamic document）：原始文件內含後端程式，當瀏覽器提出請求，伺服器會執行程式，然後將結果回傳給瀏覽器

  → 伺服器端執行程式，傳回的文件不含程式
- 主動文件（Active document）：原始文件內含前端程式，當瀏覽器提出請求，伺服器將前端程式與文件一同回傳，由瀏覽器執行程式後呈現結果頁面

  → 傳回的文件內含程式，使用者端執行該程式

利用範本回覆 HTTP 請求

修改 `main.view` 程式，將 `main()` 函式所需要回覆的 HTML 碼刪除，並準備移到 *main.html* 檔案裡。此外，我們加入一組動態資料：

main/views.py

```
1   from django.shortcuts import render
2   from django.http import HttpResponse
3
4
5   def main(request):
6       '''
7       Render the main page
8       '''
9       context = {'like':'Django 很棒'}
10      return render(request, 'main/main.html', context)
```

說明如下：

- 不再使用 `HttpResponse` 回覆請求訊息，因此刪除匯入指令
- **`context = {'like':'Django 很棒'}`**：範本裡的動態資料是從 Views 程式送出，在不同的情況下可以送出不同的資料，因此網頁內容可以動態變化。一個範本變數由變數名稱與變數值配對組成，Django 使用 Python 的字典（Dictionary）來儲存範本變數，亦即「鍵」(Key，即變數名稱)與「值」(Value，即變數值)的配對。以本例而言，Key 為 `'like'`，Value 為 `'Django 很棒'`。範本字典的名稱習慣上使用 `context`，但也可使用其他名稱
- 最後的 `render()` 函式將 *main/main.html* 裡所有的範本變數置換成為其值，然後產生最終的 HTML 結果回覆給使用者

建立範本

接著建立範本目錄結構，可在 Eclipse 裡建立：

- Right click app main → New → Folder → Folder name: `templates` → Finish
- Right click folder *main/templates* → New → Folder → Folder name: `main` → Finish

亦可利用 CLI 建立目錄：

```
$ cd .../webapps/git/blog/blog/main
$ mkdir templates templates/main
```

還可以利用作業系統所提供的檔案管理員建立目錄。

在 `main()` 函式裡，我們已設定範本名稱為 *main.html*，因此在 *main/templates/main/* 目錄裡新增此範本：

- Right click folder *main/templates/main* → New → File → File name: `main.html` → Finish

內容如下：

main/templates/main/main.html

```
1   <!doctype html>
2   <html>
3   <head>
4   <title>部落格</title>
5   <meta charset="utf-8">
6   </head>
7   <body>
8   <h2>Django 說 -- Hello world!</h2>
9   <p>{{ like }}</p>
10  </body>
11  </html>
```

Django 的範本變數（Template variable）在範本中以兩個大括號包含：

{{ <variable> }}，變數名稱與左右大括號之間各有一空格。以本例而言，即為 {{ like }}。範本變數的值在 View 程式中設定後送至範本，範本引擎會以變數值取代變數。以本例來說，View 程式中設定了一個範本變數對應 {'like':'Django 很棒'}，因此在範本中的 like 就會被置換為 Django 很棒，如圖 6.1 所示：

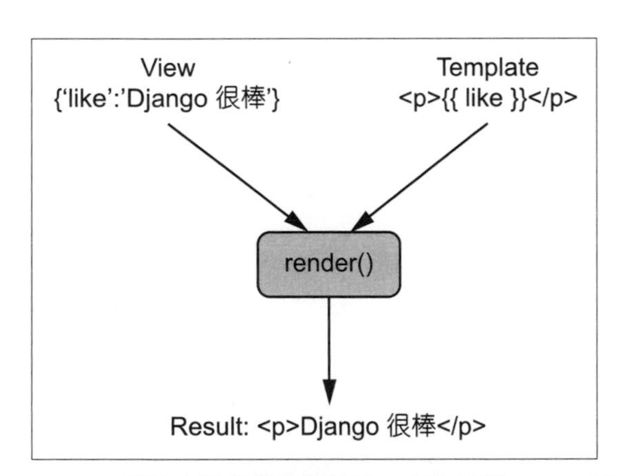

圖 6.1　Django 將範本變數置換為其值，產生最終 HTML 檔案資料

測試結果如下：

Django 說 -- Hello world!

Django 很棒

6.2 範本標籤

在範本中，除了範本變數之外，還可以加入範本標籤（Template tag），其目的是在範本裡執行程式（亦稱爲範本指令）。範本標籤由 `{%` 與 `%}` 兩個符號包住，`{%` 之後與 `%}` 之前也必須要有空格，在範本標籤中的範本變數則不需要大括號。以下介紹主要的範本標籤。

if標籤

意義如同一般程式語言的 `if` 條件指令，主要語法有三種格式，如下：

1.

```
{% if <condition> %}
  ...
{% endif %}
```

2.

```
{% if <condition> %}
  ...
{% else %}
  ...
{% endif %}
```

3.

```
{% if <condition> %}
  ...
{% elif <condition> %}
  ...
{% else %}
  ...
{% endif %}
```

`if` 標籤的條件中也可以加入關係運算子 >, >=, <, <=, ==, != 或邏輯運算子 and, or, not，但在所有運算子前後都要有空格，例如：`{% if course == 'Python' and numStudents >= 30 %}`。

for 標籤

意義如同一般程式語言的 for 迴圈指令，主要語法如下：

```
{% for <item> in <items> %}
  ...
{% endfor %}
```

<items>是一個序列，每個 for 迴圈依序取用序列裡的元素，並指派給迴圈變數 <item>。執行 10 次的迴圈可如下設計：

```
{% for i in '0123456789' %}
  ...
{% endfor %}
```

但若要執行較多次迴圈（例如 100 次），因數量較大，最好在 Views 程式產生串列再傳到範本：

views:

```
return render(..., ..., {'range100':range(100)})
```

template:

```
{% for i in range100 %}
  ...
{% endfor %}
```

如果沒有 items 範本變數或 items 爲空序列，可以設定執行 {% empty %} 部分，例如：

```
{% for <item> in <items> %}
    ...
{% empty %}
    ...
{% endfor %}
```

在 `for` 迴圈中，有一些預設變數可供使用，例如：

- `forloop.counter0`：迴圈計數，從 0 開始
- `forloop.counter`：迴圈計數，從 1 開始
- `forloop.first`：如果是第一圈，就是 True
- `forloop.last`：如果是最後一圈，就是 True
- `forloop.parentloop`：巢狀迴圈的外圈計數

其他範本標籤

Django 還提供許多其他的範本標籤，以支援範本中各項動態的功能，我們先列舉較為重要的標籤如下，之後會一一運用：

- `{% block <blockName> %}{% endblock %}`：區塊（其內容可動態置換的區塊）
- `{% url '<urlNamespace>:<urlName>' %}`：利用 *urls.py* 裡的具名 URL 轉成實際 URL
- `{% load static %}`：載入靜態檔案
- `{% static '<filePath>' %}`：利用 *settings.py* 裡的 `STATIC_URL` 值來設定靜態檔案的路徑
- `{% extends '<parentTemplate>' %}`：繼承範本
- `{% include '<otherTemplate>' %}`：匯入其他範本

6.3 網頁連結

網頁的一個重要功能就是可以利用連結從一個網頁轉到另一個網頁，這是透過 HTML 的 Anchor 標籤達成：`<a href=...>...</a>`。如果我們打算利用一個網頁專門來介紹我們的網站內容，那麼我們可以在首頁中加入一個「關於」連結，使用者點擊之後就會連到該頁面。以下探討網頁連結的機制。

思考與規劃

1. Views 程式：由於「關於」的功能不多（僅顯示頁面而已），不需建立一個新的 App，只要納入 main app 的功能之一即可。因此，在 *main/views.py* 檔案中增加一個 `about()` 函式來處理 HTTP 請求

2. 規劃 URL：既然屬於 main app，在 URL 冠上 `main` 字串會較有層次感，因此，我們規劃 URL 格式為 `main/about/`
3. 網頁連結：在首頁加上一個「關於」連結 `<a href=...>`關於`</a>` 讓使用者可以點選
4. 範本：在 *main/templates/main/* 目錄裡加上一個 *abount.html* 範本，用來介紹網站

以上規劃看來不錯、也很合理，那就動手做吧！詳細步驟如下

實作

1. 在 `main.views` 程式中加入 `about()` 函式：

main/views.py

```
1   ...
2
3   def main(request):
4       ...
5
6
7   def about(request):
8       '''
9       Render the about page
10      '''
11      return render(request,'main/about.html')
```

◆ 功能很單純，就是顯示 *about.html* 網頁

2. 加入以下 URL 對應：

main/urls.py

```
1   ...
2   urlpatterns = [
3       path('', views.main, name='main'),
4       path('about/', views.about, name='about'),
5   ]
```

◆ 如果 URL 是 `main/`，就由 `main()` 函式處理
◆ 如果 URL 是 `main/about/`，就由 `about()` 函式處理，並將此 URL 對應命名為 `about`

3. 在首頁範本裡建立「首頁」與「關於」兩個連結：

main/templates/main/main.html

```
1   ...
2   <body>
3   <ul id="menu">
4     <li><a href="{% url 'main:main' %}">首頁</a></li>
5     <li><a href="{% url 'main:about' %}">關於</a></li>
6   </ul>
7   <h2>Django 說 -- Hello world!</h2>
8   ...
```

- 利用 `<ul>` 標籤製作導航連結，之後會再加上 CSS 樣式，讓連結並排
- `<a href=...>` 連結的 URL 採用之前所述的「具名 URL」格式，亦即以具名 URL `'main:main'` 與 `'main:about'` 分別代替實際 URL `'main/'` 與 `'main/about/'`。如果在範本中使用實際 URL，未來若需要更改 URL 格式時，就需要更改兩處：*main/urls.py* 與 *main.html*，這違反 DRY 原則（Don't repeat yourself）！
- 經驗告訴我們，程式要寫活的，不要寫死。著名書籍 "Tango with Django" (https://www.tangowithdjango.com/) 裡曾說："The road to hell is paved with hard-coded paths."（通往地獄之路是由寫死的程式所鋪設而成），我們要前往天堂，不要下地獄！

4. 建立「關於」範本，內容如下：

main/templates/main/about.html

```
1   <!doctype html>
2   <html>
3   <head>
4   <title>部落格</title>
5   <meta charset="utf-8">
6   </head>
7   <body>
8   <ul id="menu">
9     <li><a href="{% url 'main:main' %}">首頁</a></li>
```

```
10      <li><a href="{% url 'main:about' %}">關於</a></li>
11    </ul>
12    <h2>關於部落格</h2>
13    <p>歡迎來到我的部落格，您可盡情瀏覽並留言。</p>
14    </body>
15    </html>
```

- 其中的導航按鈕和 *main.html* 中相同

測試

接下來就可以進行測試了：點擊「首頁」及「關於」連結，應該都可到達正確頁面；點擊「首頁」：

- 首頁
- 關於

Django説--Hello world!

Django很棒

點擊「關於」：

- 首頁
- 關於

關於部落格

歡迎來到我的部落格，您可盡情瀏覽並留言。

三振法則

相同的程式碼如果在不同地方發生兩次，還可接受。如果有三個地方都有相同（或極類似）的程式碼，那就必須重構（Refactor），讓程式看來更簡潔、效能更好。三振法則（http://wiki.c2.com/?ThreeStrikesAndYouRefactor）的意思就是：若有三個地方有相同程式碼就要重構（Three strikes and you refactor），就像棒球，三振就要出局。

目前 *main.html* 與 *about.html* 都有相同的導航連結的程式片段，雖然尚未三振，但如果覺得很刺眼的話，那就重構吧。

新增「導航選單」範本，並將相同的程式片段移入：

main/templates/main/menu.html

```
1  <ul id = "menu">
2    <li><a href="{% url 'main:main' %}">首頁</a></li>
3    <li><a href="{% url 'main:about' %}">關於</a></li>
4  </ul>
```

然後在 *main.html* 與 *about.html* 檔案中利用 `{% include ... %}` 範本標籤匯入 *menu.html*：

main/templates/main/main.html

```
1  ...
2  <body>
3  <ul id="menu">
4    <li><a href="{% url 'main:main' %}">首頁</a></li>
5    <li><a href="{% url 'main:about' %}">關於</a></li>
6  </ul>
7  {% include 'main/menu.html' %}
8  <h2>Django 說 -- Hello world!</h2>
9  ...
```

main/templates/main/about.html

```
1    ...
2    <body>
3    <ul id="menu">
4      <li><a href="{% url 'main:main' %}">首頁</a></li>
5      <li><a href="{% url 'main:about' %}">關於</a></li>
6    </ul>
7    {% include 'main/menu.html' %}
8    <h2>關於部落格</h2>
9    ...
```

再測試點擊「首頁」與「關於」連結，應該得到相同結果。

6.4　伺服器架構

靜態檔案與動態文件

內容不會變動的檔案，例如影像、音訊、視訊、JavaScript、靜態 HTML 與 CSS 等，稱爲「靜態檔案」(Static file)，此類檔案隨著專案部署到伺服器上，且因靜態檔案與動態文件（Dynamic document，即範本）的特性不同，因此最好的規劃是將兩者分由不同特性的伺服器來處理，以各自發揮優點，提昇網站效能。另外還有一種靜態檔案是在系統上線後由使用者上傳的檔案，這種檔案通常稱爲「媒體檔案」(Media file)，規範較爲嚴格的雲端平台服務一般不允許使用者上傳檔案到伺服器空間，而是將檔案上傳到專業的雲端儲存空間，以確保伺服器的安全。所以，效能與安全是網站非常重要的考量。以下將討論什麼樣的伺服器架構最能保證網站效能與安全。

單一伺服器架構

此種架構是利用一部電腦來處理所有請求，如圖 6.2 所示，較早期的網站均屬此類。網站功能包括處理靜態檔案與動態文件，提供使用者上傳檔案服務，也需要存取資料庫。這樣的架構讓伺服器的負擔較爲沉重、安全性低（使用者可能上載惡意檔案），而且伺服器擔任多種角色，造成效能不彰。

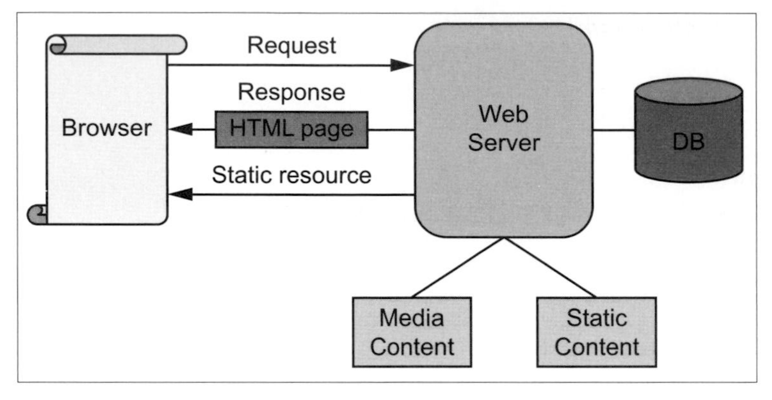

圖 6.2　單一伺服器架構

兩種伺服器架構

為因應靜態檔案與動態文件特性的不同，可以規劃兩種伺服器：一種伺服器對於服務靜態檔案效能很高，也就是一般所稱的「反向代理伺服器」（Reverse-proxy server，例如 Nginx）；另一種伺服器則專門用來處理動態文件，也就是所謂的「應用程式伺服器」（Application server，例如 Gunicorn）。這樣就可以各自發揮所長，大幅提昇網站的效能。而且如果網站流量很高，還可以開啓許多應用程式伺服器，讓網站回應速度更快。此外，一般反向代理伺服器也都有負載平衡（Load balancing）功能，可以將網路流量均勻分佈給應用程式伺服器，使服務的品質更好，整體架構如圖 6.3 所示。

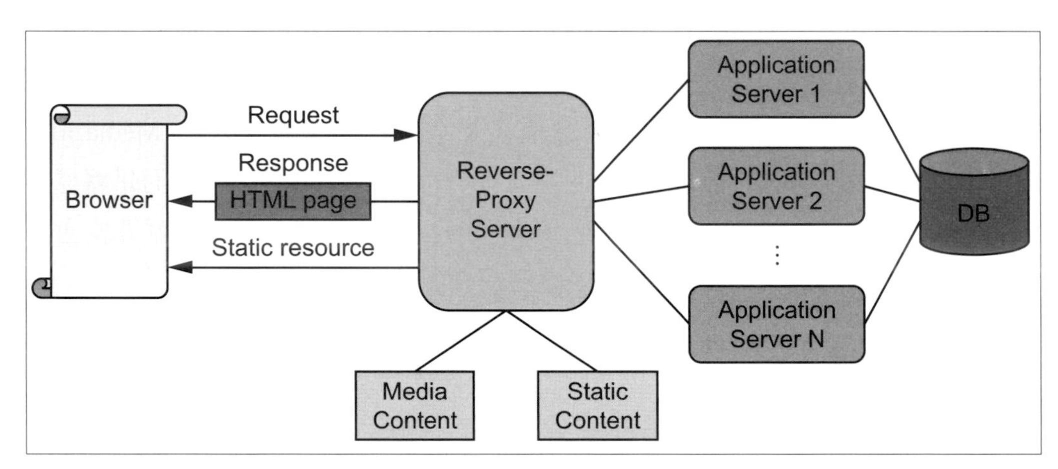

圖 6.3　兩種伺服器架構

反向代理伺服器的主要功能如下：

- 如果是靜態檔案請求，就直接從靜態檔案目錄（Static/Media content）送出，例如 HTML 中的 `<img>`, `<audio>`, `<video>`, `<link>`, `<script>` 等資源（Resource）請求

- 如果是動態文件請求，就轉送請求（Forward request）給應用程式伺服器
- 具備負載平衡功能，會主動將網站負載平均分配給各應用伺服器，以增加效能，例如，某伺服器正在處理緩慢的 I/O 作業時，其他請求就可以轉給其他伺服器，讓資源有最佳的運用

應用程式伺服器的功能如下：

- 執行應用程式：執行商業邏輯程式以及產生動態文件的內容等，並且在需要時存取資料庫，最後將結果網頁（Response, HTML page）交給反向代理伺服器，再回傳給使用者
- 可動態開啓或關閉許多伺服器，以彈性因應網路流量峰值（例如熱門音樂會的售票）或谷值（例如晚上根本沒人上網）的變化

三種伺服器架構

這是最佳組合，有反向代理伺服器與應用程式伺服器，再加上雲端儲存服務，三種伺服器各司其職，提供使用者全方位的優質服務，架構如圖 6.4 所示。這樣的架構最主要的優點就在於使用者上載的檔案（Media content）都儲存在雲端供應商，不僅可以保障網站的安全，而且如果有使用者上載了大量檔案，也不會影響網站的效能。因此，必須再強調一次，這眞的是最佳組合！常見的雲端儲存服務供應商有 Amazon Simple Storage Services（Amazon S3）與 Google Cloud Storage（注意，這不是 Google Drive）等。

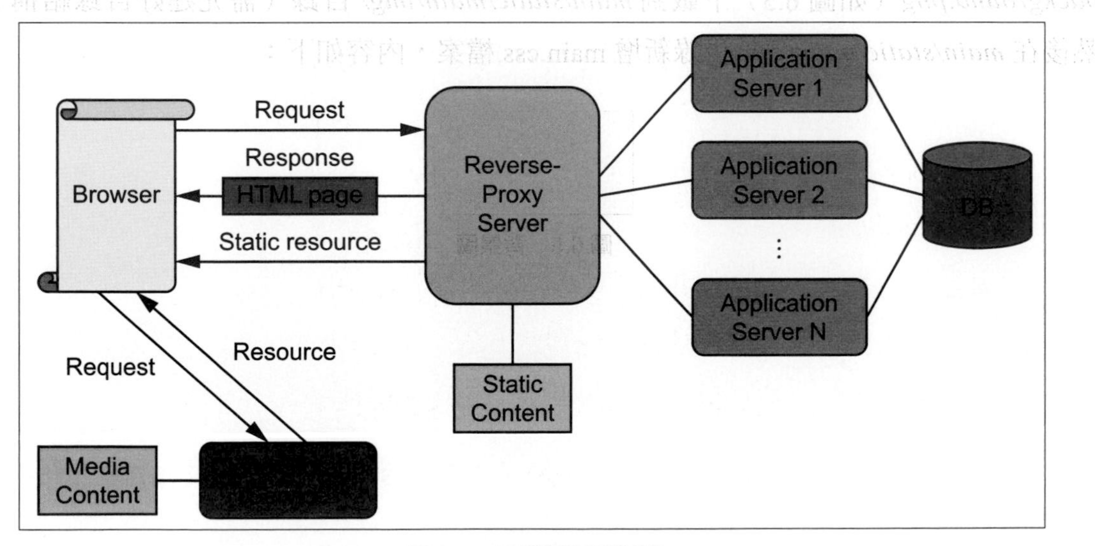

圖 6.4　三種伺服器架構

加入靜態檔案

影像、CSS 與 JavaScript 等檔案都屬於靜態檔案，一般會將所有靜態檔案全部複製並集中放在網站的某個目錄底下，以方便反向代理伺服器存取。而視訊或音訊等靜態檔案因爲容量太大，多半會儲存在類似 Youtube 之類的網站，以連結的方式提供服務，減少網站的負擔。

在 Django 專案的 *settings.py* 裡有 `STATIC_URL = '/static/'` 設定，此設定主要在規範瀏覽器提出靜態檔案請求的 URL 格式，例如：`/static/main/css/main.css/` 即爲請求伺服器送出 main app 底下的 *static/main/css/main.css* 檔案，因此，以 main app 爲例，如果有 CSS、影像及 JavaScript 等靜態檔，其靜態檔案目錄結構規範如下：

```
main/
    static/
        main/
            css/
                main.css
            img/
                background.png
            js/
                *.js
```

以下我們將增加一些樣式設定，讓我們的部落格網站更加美觀。首先將背景檔案 *background.png*（如圖 6.5）下載到 *main/static/main/img/* 目錄（需先建好目錄結構），然後在 *main/static/main/css/* 目錄新增 main.css 檔案，內容如下：

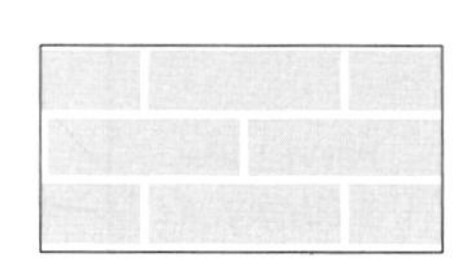

圖 6.5　背景圖

main/static/main/css/main.css

```
1   html, body {
2     margin: 0;
3     height: 100%;
4   }
5
6   body {
7     padding: 20px;
8     background: url("/static/main/img/background.png") fixed;
9     background-repeat: repeat;
10  }
11
12  ul#menu {
13    margin-bottom: 30px;
14    text-align: right;
15  }
16
17  ul#menu li {
18    display: inline-block;
19  }
```

CSS 設定說明如下：

- `html, body`：無邊距，高度與瀏覽器同高
- `body`：內填充 20px，固定式背景影像（不隨捲軸移動），並且重複以貼滿整個頁面
- `ul`：設定下邊距，文字靠右
- `li`：設定行內區塊顯示，讓連結能夠並列

然後在「首頁」與「關於」兩範本中均做以下修改：

main/templates/main/main.html
main/templates/main/about.html

```
1  <!doctype html>
2  {% load static %}
3  <html>
4  <head>
5  ...
6  <meta charset="utf-8">
7  <link rel="stylesheet" href="{% static 'main/css/main.css' %}">
8  </head>
9  ...
```

- HTTP 協定要求 `<!doctype html>` 必須在第一行
- `{% load static %}` 範本標籤的設定讓 Django 能夠載入靜態檔案
- Django 會利用 *settings.py* 中的 `STATIC_URL` 設定的值，將 `{% static 'main/css/main.css' %}` 轉成 `/static/main/css/main.css`，因此結果標籤會是 `<link rel="stylesheet" href="/static/main/css/main.css">`
- 加入 `{% static ... %}` 後可能需要重新啟動伺服器，資料才會更新
- 註：瀏覽器會將靜態檔案儲存於快取（Cache）記憶體中，因此不更新檔案，使用者需要強迫瀏覽器清空快取記憶體，新的資料才會呈現，各平台清空快取指令如下：
  - Ubuntu: `ctrl-F5`
  - Windows: `ctrl-F5`
  - Mac: `Command-Shift-R`

再次測試「首頁」與「關於」的頁面顯示如下：

首頁 關於

Django 說 -- Hello world!

Django 很棒

6.5 發表文章功能

main app 完成之後，我們該開發系統的主要功能了，那就是管理者能夠發表部落格文章。由於部落格文章的相關功能頗多，可以規劃為一個 App，因此我們新增一個 article（文章）App 專門來處理相關作業。依照之前的經驗，我們應該開始熟練新增 App 的步驟了，首先建立 App：

- Right click project → Django → Create application → Name: article → OK

其次在設定檔裡登記：

blog/settings.py

```
1  INSTALLED_APPS = [
2      ...
3      'django.contrib.staticfiles',
4      'article',
5      'main',
6  ]
```

- 習慣上 App 按照字母排序，因此排在 'main' 之前

再來設計 views 程式：

article/views.py

```
1  from django.shortcuts import render
2
3
4  def article(request):
5      '''
6      Render the article page
7      '''
8      return render(request, 'article/article.html')
```

- `return render(...)`：目前功能很簡單，就是顯示 *ariticle.html* 範本，其餘功能以後慢慢再加入

然後建立 URL 對應，新增 *urls.py* 檔案（類似 *main/urls.py*）：

article/urls.py

```
1  from django.urls import path
2  from article import views
3
4
5  app_name = 'article'
6  urlpatterns = [
7      path('', views.article, name='article'),
8  ]
```

由於是一個新的 App，需要在 *blog/urls.py* 設定 URL 對應與 Namespace 命名，內容加上一行：

blog/urls.py

```
1  ...
2
3  urlpatterns = [
4      path('admin/', admin.site.urls),
5      path('article/', include('article.urls', namespace='article')),
6      path('main/', include('main.urls', namespace='main')),
7      re_path('.*', views.main),
8  ]
```

- 若 URL 格式爲 article/...，則匯入 `article.urls` 進行第二階段 URL 對應
- 注意：`re_path('.*', ...)` 永遠都是放在最後一行，以處理所有不符格式之 URL 對應

接下來建立 *article.html* 範本（先新增 *article/templates* 與 *article/templates/article* 兩個目錄），內容如下：

article/templates/article/article.html

```
1  <!doctype html>
2  {% load static %}
3  <html>
4  <head>
5  <title>部落格</title>
6  <meta charset="utf-8">
7  <link rel="stylesheet" href="{% static 'main/css/main.css' %}">
8  </head>
9  <body>
10 {% include 'main/menu.html' %}
11 <h2>部落格說 -- Hello world!</h2>
12 </body>
13 </html>
```

- 也包含 *main.css* 樣式與 *menu.html* 導航
- 目前內容很簡單，僅顯示「部落格說 -- Hello world!」

在導航清單中再增加一個項目：

main/templates/main/menu.html

```
1  <ul id="menu">
2    <li><a href="{% url 'main:main' %}">首頁</a></li>
3    <li><a href="{% url 'main:about' %}">關於</a></li>
4    <li><a href="{% url 'article:article' %}">部落格</a></li>
5  </ul>
```

所有步驟完成，測試一下吧：在瀏覽器 URL 輸入 `localhost:8000`，再點擊「部落格」，結果如下，成功囉！

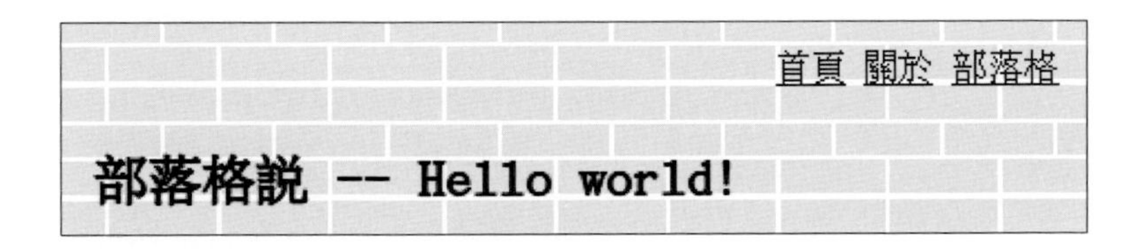

最後，將結果 Push 到 Github，可以收工了：

- Right click project → Team → Commit → Commit message: : `Chapter 6 finished` → Commit and Push

6.6 練習

在 bookstore 專案中啓用範本檔案，並加入背景與設計樣式。

- 請上網自選網頁背景加入網站
- 自行設定網頁 CSS 樣式
- 製作導航連結

Chapter 7

範本繼承

學習目標

- 三振法則
- 基礎範本與繼承

7.1 三振法則

其實目前還有一個三振但還沒出局，那就是 main.html, about.html 與 article.html 三個範本裡還有以下相同資料，需要重構！

```
<!doctype html>
{% load static %}
<html>
<head>
<title>部落格</title>
<meta charset="utf-8">
<link rel="stylesheet" href="/static/main/css/main.css">
</head>
<body>
{% include 'main/menu.html' %}
...
</body>
</html>
```

針對各範本的共同部分，Django 採用範本繼承（Template inheritance）的技術來刪除重複，步驟如下：

1. 確認每個範本裡重複出現的部分
2. 將這些重複出現的資料放在基礎範本（Base template）裡，然後定義一些區塊標籤（Block tag），讓其他範本可以置換區塊的內容
3. 其他的範本繼承基礎範本，並各自設定區塊的內容

7.2 基礎範本

Django 範本繼承的方式是：範本相同部分應該利用「繼承」（Inheriant）而來，不要每個範本都重複撰寫相同的部分。各範本間不同的地方則利用「範本區塊標籤」（Template block tag）來規劃可以置換內容之處，因此，各個範本可以決定某個區塊的內容。如此，撰寫範本時，就只要寫不同之處即可。

首先，依據目前各範本的相同之處來建立一個基礎範本，其內容如下：

main/templates/main/base.html

```
1    <!doctype html>
2    {% load static %}
3    <html>
4    <head>
5    <title>部落格</title>
6    <meta charset="utf-8">
7    <link rel="stylesheet" href="{% static 'main/css/main.css' %}">
8    </head>
9    <body>
10   {% include 'main/menu.html' %}
11   <h2>部落格 -- {% block heading %}{% endblock %}</h2>
12   {% block content %}{% endblock %}
13   </body>
14   </html>
```

- 範本區塊標籤指定一個區塊，讓繼承的範本可以設定該區塊的內容，因此各個範本可以設定不同的內容，就會產生不同的頁面
- 區塊標籤格式：`{% block <blockName> %}...{% endblock %}`
    - `{% block <blockName> %}`：開始標籤，`<blockName>`是區塊名稱
    - `{% endblock %}`：結束標籤
- 如果區塊有預設資料，可以直接置入標籤內容，例如：`{% block content %}`這是預設內容`{% endblock %}`
- 目前設定 2 個區塊：`heading`（標題）與`content`（內容），繼承範本可以置換這些區塊的內容
- Django 的`render()`函式負責置換區塊內容

7.3 範本繼承

將所有範本都改為繼承 *base.html* 範本：

main/templates/main/about.html

```
1  {% extends 'main/base.html' %}
2  {% block heading %}關於{% endblock %}
3  {% block content %}
4  <p>歡迎來到我的部落格，您可盡情瀏覽並留言。</p>
5  {% endblock %}
```

- `{% extends ... %}`：繼承（延伸）*base.html* 範本，因此擁有 *base.html* 所有的內容
- `{% block heading ... %}`：將 *base.html* 裡的 `heading` 區塊內容置換為「關於」
- `{% block content ... %}`：將 *base.html* 裡的 `content` 區塊內容置換為「<p> 歡迎來到我的部落格，您可盡情瀏覽並留言。</p>」

結果：

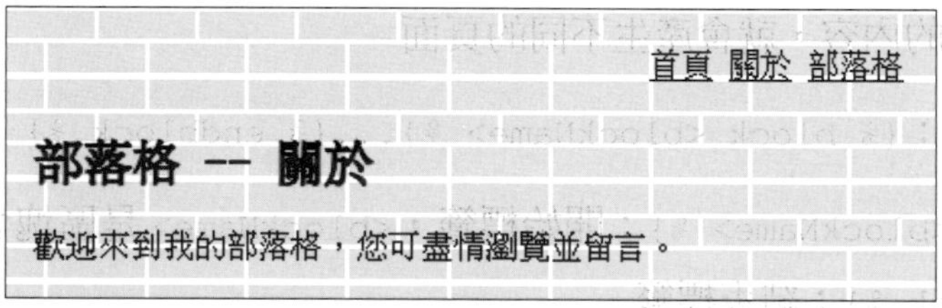

首頁 關於 部落格

部落格 -- 關於

歡迎來到我的部落格，您可盡情瀏覽並留言。

main/templates/main/main.html

```
1  {% extends 'main/base.html' %}
2  {% block heading %}首頁{% endblock %}
3  {% block content %}
4  <p>{{ like }}</p>
5  {% endblock %}
```

- 將 `heading` 區塊內容置換為「首頁」
- 將 `content` 區塊內容置換為「`<p>{{ like }}</p>`」，`render()` 函式在置換區塊內容之前，會先帶入範本變數值（亦即「`Django 很棒`」）

結果：

article/templates/article/article.html

```
1    {% extends 'main/base.html' %}
2    {% block heading %}歡迎蒞臨{% endblock %}
3    {% block content %}
4    {% endblock %}
```

- 將 heading 區塊內容置換為「歡迎蒞臨」
- 目前不設定 content 區塊內容

結果：

本章結束，算是輕鬆，將結果 Push 到 Github：

- Right click project → Team → Commit → Commit message: : `Chapter 7 finished` → Commit and Push

7.4　練習

將 bookstore 專案中的各範本亦改為範本繼承模式。

NOTE

Chapter 8

資料模型

學習目標

- 關聯式資料庫的欄位特性
- ORM 概念及語法
- 建立資料模型與資料庫遷移
- 資料填充
- 客製化管理頁面
- 修改 Model 與重建資料庫

8.1 關聯式資料庫

商業系統中最常用的資料庫就是關聯式資料庫（Relational Database），開發者先以資料庫模型（Database model）來規劃模型內容以及資料之間的關聯（Relationship），然後依據規格在資料庫中產生資料表（Data table）。這就好像建築師先繪出建築圖，然後依圖施工來產生建築物。資料庫模型就是建築圖，資料表就是建築物。我們也可以將資料庫模型視爲一個有欄位標題與欄位資料的表格。

關聯式資料庫的重要功能之一，就是界定資料之間的關係。假設有 A 與 B 兩個資料庫模型，兩者之間的資料關聯可以有以下三種：

- 一對一關聯（One to one）：模型 A 裡的一筆資料僅能對應到模型 B 裡的一筆資料，反之亦然。Django 的欄位資料型態爲 `OneToOneField`（一對一欄位）
- 一對多關聯（One to many）：模型 A 裡的一筆資料能對應到模型 B 裡的多筆資料，而模型 B 裡的一筆資料僅能對應到模型 A 裡的一筆資料。Django 的欄位資料型態爲 `ForeignKey`（外來鍵欄位）
- 多對多關聯（Many to many）：模型 A 裡的一份資料能對應到模型 B 裡的多筆資料，反之亦然。Django 的欄位資料型態爲 `ManyToManyField`（多對多欄位）

Django 的資料庫模組

在關聯式資料庫中，一般而言資料的存取是利用結構化查詢語言（Structural query language, SQL）。但 Django 的資料庫模組（Database module）使用「物件關聯對應」（Object-relational mapping, ORM）技術來取代 SQL。也就是說，Django 將物件導向語言對應到 SQL 語言，因此開發者只要撰寫物件導向語言來存取資料庫，就不需要撰寫一般的 SQL 語言了，這種作法有以下優點：

- 安全性高：完全杜絕 SQL 注入（SQL injection）攻擊（可參考 https://en.wikipedia.org/wiki/SQL_injection）
- 語法簡單：物件導向式語法比 SQL 語法要簡單許多
- 可以更換不同的資料庫，而不需要改寫程式針對以上第三點，雖然 SQL 語言號稱是一種標準，但有些資料庫廠商爲了綁定消費者，會刻意將其 SQL 語言做小小的修改，結果就和其他資料庫廠商的 SQL 語言有一點點的不相容。因此，使用者就不敢隨意更換資料庫了。如果我們的系統直接撰寫 SQL 語言，其結果就是系統綁定某種資料庫，倘若未來想更換資料庫，就必須修改程式才行。Django 提供 ORM 技術的目的之一，就是爲了避免這樣的缺點：開發者撰寫 ORM 程式，由 Django 的中介軟體（Middleware）負責轉爲正確的 SQL 語言，這樣開發者就可以擺脫資料庫廠商的束縛，保有使用資料庫的自由。

圖 8.1 說明，如果我們使用 A 廠商的資料庫，並且在系統中直接撰寫符合 A 廠商的 SQL 語法（SQL_a），未來若想更換爲 B 廠商的資料庫，那就會出問題。然而，如果我們撰寫 Django 提供的物件導向語言，Django 的 ORM 中介軟體會負責將語言轉爲符合各廠商標準的 SQL 語言（SQL_a 或 SQL_b），我們的系統就不需要做任何更動，這樣才是正確的作法。

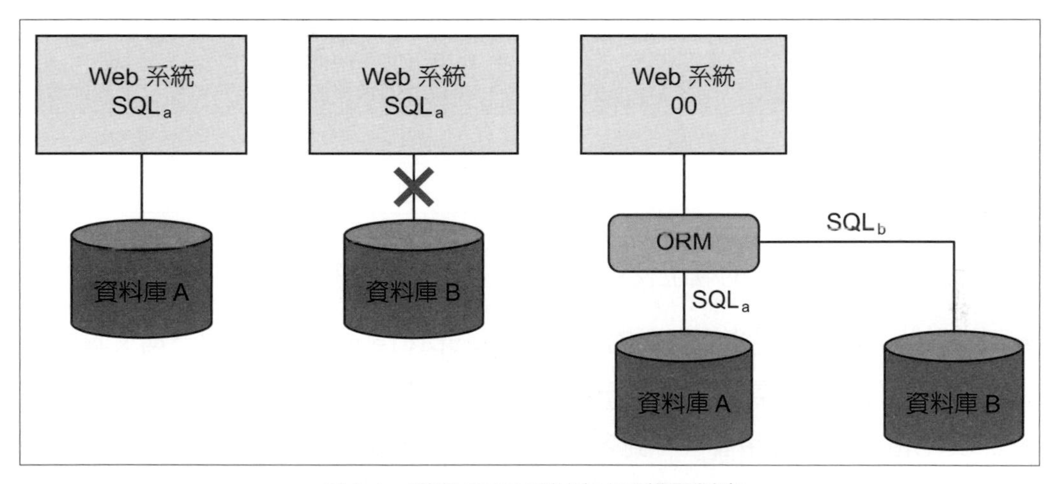

圖 8.1　透過 ORM 可以自由更換資料庫

8.2 建立資料模型

Django 使用 Python 的 class（類別）來建立資料庫模型。目前我們 blog 系統功能所牽涉之主要資料為部落格文章、留言與使用者，其中使用者資料庫模型將使用 Django 預設之 User 模型，另外再規劃 Article（文章）與 Comment（留言）兩個資料庫模型，規格如下：

■ Article 模型裡所包含的欄位及資料型態：

- ◆ title：文章標題（字串）
- ◆ content：文章內容（文字）
- ◆ pubDateTime：文章發表時間（日期時間，Publication date time）
- ◆ likes：按讚使用者（多對多關聯到 User model，亦即一篇文章能接受許多使用者按讚，一個使用者也可以對多篇文章按讚）

title (Char)	content (Text)	pubDateTime4 (DateTime)	likes (ManyToMany)
-	-	-	-
-	-	-	-

■ Comment 模型裡所包含的欄位及資料型態：

- ◆ article：留言所屬文章（一對多關聯到 Article model，亦即一篇文章能接受許多留言，但一個留言只能針對一篇文章）
- ◆ user：留言所屬使用者（一對多關聯到 User model，亦即一個使用者能對許多文章留言，但一個留言只能屬於一個使用者）
- ◆ content：留言內容（字串）
- ◆ pubDateTime：留言發表時間（日期時間）

article (ForeignKey to Article)	user (ForeignKey to User)	content (Char)	pubDateTime (DateTime)
-	-	-	-
-	-	-	-

以下開始建立資料庫模型，為求簡單，我們先建立部分的欄位，以後再慢慢加上其餘欄位。Django 使用 Python 的 class（類別）來建立資料庫模型，類別的名稱通常用駝峰式命名法則。接下來在 *article/models.py* 檔案裡建立 Article 與 Comment 模型：

article/models.py

```
1   from django.db import models
2
3   class Article(models.Model):
4       title = models.CharField(max_length=128, unique=True)
5       content = models.TextField()
6
7       def __str__(self):
8           return self.title
9
10
11  class Comment(models.Model):
12      article = models.ForeignKey(Article, on_delete=models.CASCADE)
13      content = models.CharField(max_length=128)
14
15      def __str__(self):
16          return self.article.title + '-' + str(self.id)
```

說明如下：

- from ...：從 django.db 匯入 models
- class Article ...：宣告一個 Article model（是一個 Python class），繼承 models.Model
  - 先建立 2 個主要欄位：
    - title：文章標題，字元欄位（單行），最多 128 個字元，標題為唯一，亦即文章標題不能相同
    - content：文章內容，文字欄位（大量、包含 Enter）
  - def __str__(self)：定義一個 __str__() 方法，回覆 self.title 值，這是在範本中此物件預設顯示的值，在管理者介面亦顯示此值

- class Comment(...)：宣告一個 Comment model，繼承 models.Model
    - ◆ 先建立 2 個主要欄位：
        - ▲ article：以外來鍵關聯到 Article model，外來鍵必須指定如果外來資料刪除時，該如何處理本資料。on_delete=models.CASCADE 表示當某篇文章刪除時，該文章的所屬的所有留言將一併刪除。其他處理方式請參考：https://docs.djangoproject.com/en/3.0/ref/models/fields/
        - ▲ content：留言內容，字元欄位（單行），最多 128 個字元
    - ◆ def __str__(self)：回覆值設計爲 self.article.title + '-' + str(self.id)，亦即將文章標題串上該物件的 id
- Django ORM 欄位資料的存取是使用物件導向語言的點號方式，因此從留言（Comment）連到其所屬文章（Article），再取出該文章的標題（title），就可使用一連串的點號方式：comment.article.title
- 註：欄位名稱不可使用 Django model API 的名稱，例如 clean, save, delete 等

Model 常用的欄位資料型態

Django model 提供許多欄位資料型態，常用的如下：

- CharField：字元（單行）
- DateField：日期
- DateTimeField：日期時間
- EmailField：電郵
- FileField：檔案
- FloatField：浮點數
- ImageField：影像
- IntegerField：整數
- TextField：文字（多行、大量）
- OneToOneField：一對一關聯
- ForeignKey：一對多關聯（外來鍵）
- ManyToManyField：多對多關聯

8.3 資料庫遷移

執行 Makemigrations

有任何模型的新增或修改，都需要立即執行資料庫遷移，以便將模型的異動具體反應在資料庫中的資料表。資料庫遷移有兩個步驟，第一個是 Makemigrations，如下執行：

- Right click project → Django → Custom Command → Command: `makemigrations` → OK

```
Migrations for 'article':
  article/migrations/0001_initial.py:
    - Create model Article
    - Create model Comment
```

`Makemigrations` 指令會在 *article/migrations/* 目錄下建立 *0001_initial.py* 程式檔（稱爲 Migration file，遷移檔），這是 Django 所產生的 SQL 程式，會在第二個步驟中執行以修改資料表。隨著資料庫模型不斷地改變，後續產生的遷移檔會循序增加主檔名的數字，以指明異動過程以及後面檔案依賴前面檔案的順序。*0001_initial.py* 檔案內容如下：

```
# -*- coding: utf 8  *-
# Generated by Django x.x.x on xxxx-xx-xx xx:xx
from __future__ import unicode_literals

from django.db import migrations, models
import django.db.models.deletion


class Migration(migrations.Migration):

    initial = True

    dependencies = [
    ]

    operations = [
        migrations.CreateModel(
```

```
            name='Article',
            fields=[
                ('id', models.AutoField(auto_created=True, primary_key=True,
serialize=False, verbose_name='ID')),
                ('title', models.CharField(max_length=128, unique=True)),
                ('content', models.TextField()),
            ],
        ),
        migrations.CreateModel(
            name='Comment',
            fields=[
                ('id', models.AutoField(auto_created=True, primary_key=True,
serialize=False, verbose_name='ID')),
                ('content', models.CharField(max_length=128)),
                ('article', models.ForeignKey(on_delete=django.db.models.deletion.
CASCADE, to='article.Article')),
            ],
        ),
    ]
```

- 如果使用者並未定義 `id` 欄位，Django 會自動增加一個 `id` 欄位（正整數），開發者最好不要自行定義 `id` 欄位，交由 Django 來設定及操作較好
- 可利用 `$ python manage.py sqlmigrate <app> <migrateNumber>` 指令來顯示 *0001_initial.py* 內的 SQL 指令，例如：

```
(blogVenv)$ python manage.py sqlmigrate article 0001
BEGIN;
--
-- Create model Article
...
-- Create model Comment
...

COMMIT;
```

執行 Migrate

資料庫遷移的第二個步驟是 `Migrate`，此指令執行上述的遷移檔程式，實際地新增或修改資料表內容。執行方式如下：

- Right click project → Django → `Migrate`

```
Operations to perform:
  Apply all migrations: ...
Running migrations:
  Applying article.0001_initial... OK
```

至此我們所建立的資料庫模型，已經實際地在資料庫中產生資料表，可以開始儲存資料了。

8.4 管理者頁面

Django 的一大強項就是有功能齊全的管理者頁面，主要用來檢視及操作資料庫裡的資料，如此，開發者就可以輕鬆地管理資料，不用自己再開發相同功能的系統。在使用管理者頁面之前，我們需要先建立管理者帳號。

建立系統管理者

每個 Django 專案都需要系統管理者（也稱爲超級使用者，Superuser）。我們在 Django 的 `User` model 裡建立管理者（先啓用虛擬環境，並 `cd` 到專案根目錄）：

```
(blogVenv)$ python manage.py createsuperuser
使用者名稱 (leave blank to use '<username>'): admin
電子信箱:
Password: admin12345
Password (again): admin12345
Superuser created successfully.
```

- 註：亦可使用其他帳號與密碼，電子信箱眞實性不重要，因此不輸入資料（直接按 ENTER 鍵）

在管理者頁面檢視資料

在瀏覽器的 URL 輸入 `localhost:8000/admin/` 即可進入管理者頁面（登入時輸入先前建立管理者所設定的帳號與密碼），目前僅顯示使用者及群組的資料：

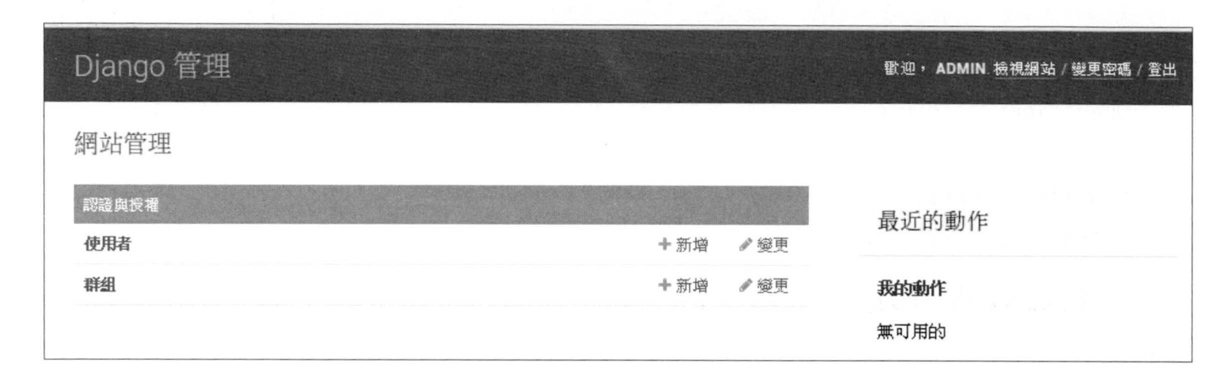

■ 可以練習點選「+ 新增」連結來新增一個使用者

要在管理者頁面顯示我們所規劃的資料表，需要在 *article/admin.py* 檔案裡登記：

article/admin.py

```
1    from django.contrib import admin
2    from article.models import Article, Comment
3
4
5    admin.site.register(Article)
6    admin.site.register(Comment)
```

重新整理管理者頁面，即可看到 `Article` 與 `Comment` 兩個資料表：

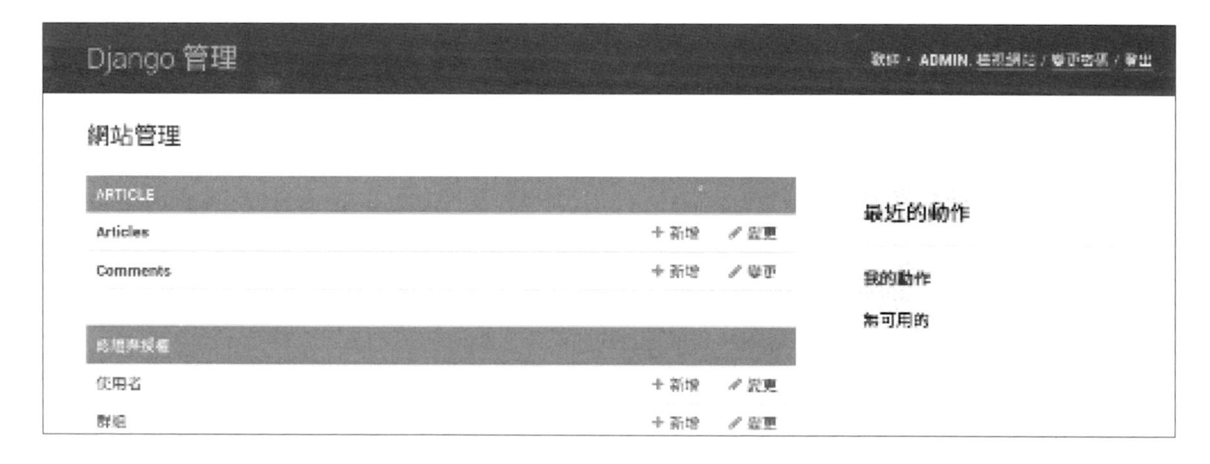

■ 註：Django 預設會在資料表的名稱後面加上 s 成為複數

8.5　Django 的資料庫操作程式

如前所述，Django 利用 ORM（Object-relational mapping，物件關聯對應）來對應物件導向語言與 SQL 語言，因此使用者不用撰寫 SQL 程式，改為撰寫物件導向語言來存取資料庫。Django 的資料庫操作程式稱為「查詢集應用程式介面」（QuerySet API）。常用的資料庫操作：新增、讀取、修改、刪除及查詢，亦即「增讀改刪查」：Create, read, update, delete, search（CRUD + search）。以 `Article` 為例，簡列如下：

- 新增（Create）

  直接新增並儲存物件：

  ```
  Article.objects.create(...)
  Article.objects.get_or_create(...)
  ```

  先產生實例，設定各欄位值，再儲存：

  ```
  article = Article()
  article.title = ...
  article.content = ...
  article.save()
  ```

- 讀取（Read）

  ```
  Article.objects.get(...)        # 取出一筆符合條件的資料
  ```

- 修改（Update）

  取出物件，修改欄位值，再儲存：

  ```
  article = Article.objects.get(...)
  article.title = ...
  article.content = ...
  article.save()
  ```

- 刪除（Delete）

  取出物件，刪除：

  ```
  article = Article.objects.get(...)
  article.delete()
  ```

■ 查詢（Search）

```
Article.objects.all()       # 取出所有資料
Article.objects.get(...)       # 取出一筆符合條件的資料
Article.objects.filter(...)       # 取出多筆符合條件的資料
Article.objects.exclude(...)       # 取出多筆不符合條件的資料
Article.objects.order_by(...)       # 取出所有資料並排序
Article.objects.filter(...).order_by(...)       # 取出多筆符合條件的資料並排序
```

之後我們將會經常使用上述的各個 API 指令來存取資料。

8.6 資料填充

程式開發期間或系統第一次部署時，將所需資料一筆一筆輸入資料庫實在太麻煩，通常我們會撰寫自動填資料的程式，快速地將資料輸入資料庫，稱為資料填充（Data population），此類程式則稱為資料填充程式（Data population script）。所需填的資料分為測試資料和基本資料兩種，測試資料主要在於輔助程式開發或測試階段中的程式確認與除錯，而基本資料則是指程式第一次部署時必須要填入的資料（例如：admin 帳號、產品基本資料或系統設定資料）。我們規劃將所有填充程式集中放在專案目錄下的 *populate* 目錄裡。

建立填充程式

首先在專案目錄下新增 *populate* 目錄，然後新增 *populate/__init__.py* 空白檔案以設定該目錄為 Python package：

- Right click project → New → Folder → Folder name: `populate`
- Right clock populate folder → New → File → File name: `__init__.py` → `Finish`（不須輸入任何內容）

由於填充程式是直接輸入指令來執行，並非透過伺服器，因此我們需要額外設定 Django 環境，讓我們的填充程式可以正確執行。新增 *base.py* 模組來設定 Django 環境：

populate/base.py

```
1   import os
2   os.environ.setdefault('DJANGO_SETTINGS_MODULE', 'blog.settings')
3   import django
4   django.setup()
```

- 匯入 os 與 django
- 指定 Django 的設定檔是 *blog.settings*
- 最後設定 Django 環境

  註：若爲其他專案，就需將第 2 行的 `blog` 改爲正確的專案名稱。

接下來就可以撰寫資料填充程式，新增 *article.py* 模組，用來填入許多部落格文章與留言：

populate/article.py

```
1   from populate import base
2   from article.models import Article, Comment
3
4
5   titles = ['如何像電腦科學家一樣思考', '10分鐘內學好Python', '簡單學習Django']
6   comments = ['文章眞棒', '並不認同您的觀點', '借分享', '學好一個程式語言或框架並不容易
7   ']
8
9
10  def populate():
11      print('Populating articles and comments ... ', end='')
12      Article.objects.all().delete()
13      Comment.objects.all().delete()
14
15      for title in titles:
16          article = Article()
17          article.title = title
18          for j in range(20):
19              article.content += title + '\n'
20          article.save()
21          for comment in comments:
22              Comment.objects.create(article=article, content=comment)
23      print('done')
24
25
26  if __name__ == '__main__':
        populate()
```

說明如下：

- 從 `populate` 套件中匯入 `base` 模組以設定 Django 環境（注意，此行在所有的填充程式中都需要放在第一行）
- 從 `article.models` 模組中匯入 `Article` 與 `Comment` 兩個模型類別，準備填入資料
- 設定變數 `title`（文章標題）與 `comments`（留言），其內容都是我們隨意設定的
- `def populate()`：定義填入文章的函式以供呼叫
    - `Article.objects.all().delete()`, `Comment.objects.all().delete()`：將目前的文章與留言都刪除，回到乾淨的資料環境。回顧 QuerySet API，刪除資料的指令是 `delete()`，因此我們利用 `.objects.all().delete()` 將資料全部取出再刪除
    - `for title in titles`：利用迴圈填入文章與留言資料，在每個迴圈中：
        - `article = Article()`：產生 `Article` 實例（Instance）
        - `article.title = title`：設定文章標題
        - `for j in range(20): ...`：將其文章內容設爲 20 行標題
        - `article.save()`：儲存文章
        - `Comment.objects.create(article=article, content=comment)`：新增並儲存此文章所屬留言，每篇文章利用另一個迴圈儲存 4 筆留言
- `if __name__ == '__main__':`

```
populate()
```

如果此模組是直接執行而不是被匯入，就呼叫 `populate()` 函式來新增資料。

- Python 模組的執行與匯入：
    - 模組被直接執行時，Python 會將內建變數 `__name__` 內容設定為 `__main__`
    - 模組被匯入時，Python 會將 `__name__` 設定爲該模組名稱，例如：

```
import math
print(math.__name__)
 → math
```

    - 因此判斷 `__name__` 變數，就可知道該模組是直接執行或是被匯入，這是 Python 程式常用的模式

資料填充程式完成，接下來就執行此程式（先啓用虛擬環境，並 cd 到專案根目錄）:

```
(blogVenv)$ python -m populate.article
Populating articles and comments ... done
```

■ `-m`：以模組（module）模式來執行程式

在管理者頁面檢視 `Article` 與 `Comment` 資料表：

Django 管理
首頁 › Article › Articles
選擇 article 來變更
動作: --------- 去 3中 0 個被選
ARTICLE
簡單學習Django
10分鐘內學好Python
如何像電腦科學家一樣思考
3 articles

Django 管理
首頁 › Article › Comments
選擇 comment 來變更
動作: --------- 去 12中 0 個被選
COMMENT
簡單學習Django-12
簡單學習Django-11
簡單學習Django-10
簡單學習Django-9
10分鐘內學好Python-8
10分鐘內學好Python-7
10分鐘內學好Python-6
10分鐘內學好Python-5
如何像電腦科學家一樣思考-4
如何像電腦科學家一樣思考-3
如何像電腦科學家一樣思考-2
如何像電腦科學家一樣思考-1
12 comments

註：以上兩個頁面所顯示的標題就是我們在這兩個模型中 `__str__(self)` 函式所分別回覆的值。

建立管理者帳號

先前我們曾經利用 QuerySet API 指令建立管理者帳號，現在也可以利用資料填充程式來建立好處是，管理者的密碼隨便我們設定，系統不再檢驗密碼複雜程度。

populate/admin.py

```
1   from populate import base
2   from django.contrib.auth.models import User
3
4
5   def populate():
6       print('Creating admin account ... ', end='')
7       User.objects.all().delete()
8       User.objects.create_superuser(username='admin', password='admin', email=None)
9       print('done')
10
11
12  if __name__ == '__main__':
13      populate()
```

- 首先匯入相關模組：`User` 是 Django 的內建模型，用來儲存使用者資料
- `def populate()`：新增 admin 帳號的函式
  - `User.objects.all().delete()`：清除所有 User model 裡的資料
  - `User.objects.create_superuser(...)`：利用 `create_superuser()` API 新增 admin 帳號

執行填充程式：

```
(blogVenv)$ python -m populate.admin
Creating admin account ... done
```

建立使用者

利用填充程式建立其他使用者帳號：

populate/users.py

```
1  from populate import base
2  from django.contrib.auth.models import User
3
4
5  def populate():
6      print('Creating user accounts ... ', end='')
7      User.objects.exclude(is_superuser=True).delete()
8      for i in range(5):
9          username = 'user' + str(i)
10         User.objects.create_user(username=username, password=username, email=None)
11     print('done')
12
13
14 if __name__ == '__main__':
15     populate()
```

- `User.objects.exclude(is_superuser=True).delete()`：除了管理者外，刪除所有使用者帳號
- `User.objects.create_user(...)`：利用 `create_user()` API 新增 5 個使用者帳號，各個帳號的密碼和帳號相同

執行填充程式：

```
(blogVenv)$ python -m populate.users
Creating user accounts ... done
```

整合所有填充程式

我們已完成了三個資料填充程式（以後會越來越多），如果都要一個一個執行，那也太費工了。現在將他們整合到 *local.py* 模組，專爲本機端填充測試資料之用：

populate/local.py

```
1  from populate import admin, users, article
2
3
4  admin.populate()
5  users.populate()
6  article.populate()
```

- 匯入 3 個資料填充模組
- 執行 `admin`, `user` 與 `article` 模組內的 `populate()` 函式
- 由於 *local.py* 模組一定是直接執行，不會被匯入，因此不需要判斷是被執行或匯入（`if __name__ == '__main__'`）

執行整合填充程式，一次將所有填充程式執行完畢：

```
(blogVenv)$ python -m populate.local
Creating admin account ... done
Creating user accounts ... done
Populating articles and comments ... done
```

再回到管理者頁面檢視 `Article` 及 `Comment` 模型，確認內容正確（註：因爲 admin 帳號重建，因此需要重新登入）。

8.7 客製化管理者頁面

管理者頁面裡資料的顯示模式可以做許多客製化，讓資料的呈現更為完美，例如：

- 客製化 Comment model：在 *article/admin.py* 加入以下內容來設定顯示的欄位 (list_display)

article/admin.py

```
1   from django.contrib import admin
2   from article.models import Article, Comment
3
4
5   class CommentAdmin(admin.ModelAdmin):
6       list_display = ['article', 'content']
7
8       class Meta:
9           model = Comment
10
11
12  admin.site.register(Article)
13  admin.site.register(Comment, CommentAdmin)
```

- 增加一個 CommentAdmin 類別（繼承 admin.ModelAdmin）
- 客製化頁面顯示清單（list_display）：顯示 article 與 content 欄位
- class Meta 是一個類別容器（Class container），內含有關該類別的詮釋資料（稱為 Metadata），例如：排序、權限、所使用的 Model 等
- 在 admin.site.register(Comment) 新增參數 CommentAdmin
- 測試：清單顯示 2 個欄位（ARTICLE, CONTENT），如下圖：

選擇 comment 來變更

動作: --------- 去 12中 0個被選

	ARTICLE	CONTENT
☐	簡單學習Django	學好一個程式語言或框架並不容易
☐	簡單學習Django	借分享
☐	簡單學習Django	並不認同您的觀點
☐	簡單學習Django	文章真棒
☐	10分鐘內學好Python	學好一個程式語言或框架並不容易

■ 設定資料連結欄位（list_diaplay_links）：透過 article 來連結（此項爲預設）

```
1  class CommentAdmin(admin.ModelAdmin):
2      list_display = ['article', 'content']
3      list_display_links = ['article']
```

■ 設定過濾器（list_filter）：設定右方過濾欄位爲 article 與 content，點選即可濾出該項目的相關資料

```
1  class CommentAdmin(admin.ModelAdmin):
2      list_display = ['article', 'content']
3      list_display_links = ['article']
4      list_filter = ['article', 'content']
```

◆ 測試：點選文章標題就會列出所屬留言

- 設定搜尋欄位（search_fields）：設定搜尋欄位為 content，輸入資料即可搜尋該欄位的內容

```
class CommentAdmin(admin.ModelAdmin):
    list_display = ['article', 'content']
    list_display_links = ['article']
    list_filter = ['article', 'content']
    search_fields = ['content']
```

◆ 測試：出現搜尋欄位

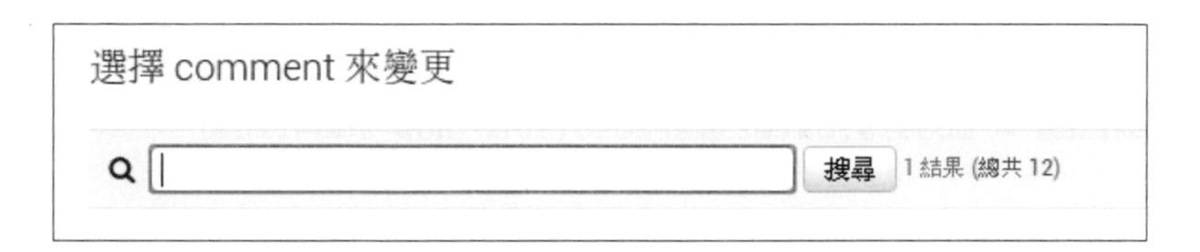

- 設定編輯欄位（list_editable）：設定 content 欄位可直接編輯

```
class CommentAdmin(admin.ModelAdmin):
    list_display = ['article', 'content']
    list_display_links = ['article']
    list_filter = ['article', 'content']
    search_fields = ['content']
    list_editable = ['content']
```

◆ 測試：可直接編輯 content 欄位內容

選擇 comment 來變更

搜尋

動作: --------- 去 12中 0 個被選

ARTICLE	CONTENT
簡單學習Django	學好一個程式語言或框架並不容易
簡單學習Django	借分享

- 其他客製化請參考

https://docs.djangoproject.com/en/3.0/ref/contrib/admin/

8.8 增加 Model 欄位

依照最初資料模型規劃，Article 與 Comment 都有 pubDateTime 欄位，以記錄發表時間，現在我們加入此欄位。此外，部落格文章將依發表時間順序反向顯示，而留言則正向顯示：

article/models.py

```
1   class Article(models.Model):
2       title = models.CharField(max_length=128, unique=True)
3       content = models.TextField()
4       pubDateTime = models.DateTimeField(auto_now_add=True)
5
6       def __str__(self):
7           return self.title
8
9       class Meta:
10          ordering = ['-pubDateTime']
11
12
13  class Comment(models.Model):
14      article = models.ForeignKey(Article, on_delete = models.CASCADE)
15      content = models.CharField(max_length=128)
16      pubDateTime = models.DateTimeField(auto_now_add=True)
17
18      def __str__(self):
19          return self.article.title + '-' + str(self.id)
20
21      class Meta:
22          ordering = ['pubDateTime']
```

- 新增發表時間 pubDateTime 欄位
  - DateTimeField：日期時間格式
    - auto_now_add=True：在物件新增時自動設定爲當時時間，設定之後即無法修改

- `class Meta`：在詮釋資料中設定模型的特性
  - `ordering = ['-pubDateTime'], ordering = ['pubDateTime']`：物件存入資料庫時依照時間排序，負值表示反向，正值表示正向，此處使用 Python list 資料結構來指定排序欄位，並可設定多個欄位

由於資料庫模型有所異動，因此應立即執行資料庫遷移，先執行 Makemigrations：

- Right click project → Django → Custom Command → Command: `makemigrations` → OK

```
You are trying to add the field 'pubDateTime' with 'auto_now_add=True' to article
without a default; the database needs something to populate existing rows.
 1) Provide a one-off default now (will be set on all existing rows)
 2) Quit, and let me add a default in models.py
Select an option: 1
```

- 系統詢問所有舊資料的欄位是否要一次（one-off）設定完畢，回覆 1（是）

```
Please enter the default value now, as valid Python
You can accept the default 'timezone.now' by pressing 'Enter' or you can
provide another value.
The datetime and django.utils.timezone modules are available, so you can do e.g.
timezone.now
Type 'exit' to exit this prompt
[default: timezone.now] >>> <Enter>
```

- `<Enter>` 表示接受輸入建議：timezone.now
- 以上程序會出現 2 次，因爲有 2 個欄位需給初始值

```
Migrations for 'article':
  article/migrations/0002_auto_....py:
    - Change Meta options on article
    - Change Meta options on comment
    - Add field pubDateTime to article
    - Add field pubDateTime to comment
```

執行完畢可發現 Django 在 *article/migrations* 目錄裡產生 *0002_auto_....py* 檔案，內容如下：

```
# -*- coding: utf-8 -*-
# Generated by Django x.x.x on ...
from __future__ import unicode_literals

from django.db import migrations, models
import django.utils.timezone

class Migration(migrations.Migration):

    dependencies = [
        ('article', '0001_initial'),
    ]

    operations = [
        migrations.AlterModelOptions(
            name='article',
            options={'ordering': ('-pubDateTime',)},
        ),
        migrations.AlterModelOptions(
            name='comment',
            options={'ordering': ['pubDateTime']},
        ),
        migrations.AddField(
            model_name='article',
            name='pubDateTime',
            field=models.DateTimeField(auto_now_add=True, default=django.utils.
timezone.now), preserve_default=False,
        ),
        migrations.AddField(
            model_name='comment',
            name='pubDateTime',
            field=models.DateTimeField(auto_now_add=True, default=django.utils.
timezone.now), preserve_default=False,
        ),
    ]
```

- dependencies：此程式依賴 ('article', '0001_initial') 版本
- migrations.AlterModelOptions：更改選項
- migrations.AddField：增加欄位

執行 Makemigrations 之後，接著執行 Migrate：

- Right click project → Django → Migrate

```
Operations to perform:
  Apply all migrations: ...
Running migrations:
  Applying article.0002_auto_... OK
```

然後設定在管理者頁面顯示日期時間欄位：

article/admin.py

```
1   ...
2
3   class CommentAdmin(admin.ModelAdmin):
4       list_display = ['article', 'content', 'pubDateTime']
5       ...
```

最後重新執行文章資料填充程式，並至管理者頁面確認資料正確：

```
(blogVenv)$ python -m populate.article
Populating articles and comments ... done
```

備註：運算的地點

以上我們將資料排序的運算放在 Model 中，也就是在存入資料庫時，就依照時間順序排列，這樣做會增加資料儲存的時間，但以後在 Views 程式中取出資料時，就不需再排序。如果不如此做，就必須在 Views 中執行排序，例如：

```
articles = Article.objects.order_by('-pubDateTime')
```

但到底在 Model 中排序，還是在 Views 中排序較好？請參考一個重要的 Web 系統設計理念：

Fat models, thin views, and stupid templates.

- 有關資料的各種設定最好在 Model 裡面處理（所以程式很多很胖，Fat）
- Views 程式用來處理瀏覽器的請求，速度要求很高，所以應該輕薄短小（Thin），一般而言，一個 HTTP 請求應該在 500 ms 之內執行完畢
- 範本標籤的邏輯應該越簡單越好，看起來還有點笨笨的（Stupid）

8.9 重建資料庫

系統開發過程中，常因 Model 欄位頻繁的修改，造成資料庫錯亂而無法完成資料庫遷移程序。尤其是更動欄位的資料型態，最容易造成資料庫死當，此時需要完全刪除資料庫，然後重建，步驟如下：

1. 停止伺服器：按下 Eclipse 下方的 ■ 紅色按鈕
2. 刪除再重建資料庫，各平台的執行程序如下：

◆ Ubuntu：

```
$ sudo -i -u postgres
[sudo] password for <username>:
postgres@<username>:~$ dropdb blogdb
postgres@<username>:~$ createdb blogdb
postgres@<username>:~$ psql
postgres=# grant all privileges on database blogdb to dbuser;
GRANT
postgres=# \q
postgres@:~$ exit
```

◆ Windows：

```
> cd C:\Program Files\PostgreSQL\11\bin
> set PGUSER=postgres
> set PGPASSWORD=postgres
> dropdb blogdb
> createdb blogdb
> psql
postgres=# grant all privileges on database blogdb to dbuser;
GRANT
postgres=# \q
```

◆ Mac：

```
$ dropdb blogdb
$ createdb blogdb
$ psql
<username>=# grant all privileges on database blogdb to dbuser;
GRANT
<username>=# \q
```

3. 刪除所有 App 的資料庫遷移檔案（*<app>/migrations/00*.py*）

   在 Ubuntu 平台，可以在專案根目錄執行以下指令刪除檔案：

```
$ find . -type f -name 00*.py -exec rm {} \;
```

   也可利用 Nautilus 的檔案管理員，在搜尋欄裡輸入 `00`，Nautilus 就會列出所有以 00 開頭的檔案，全選後一次刪除

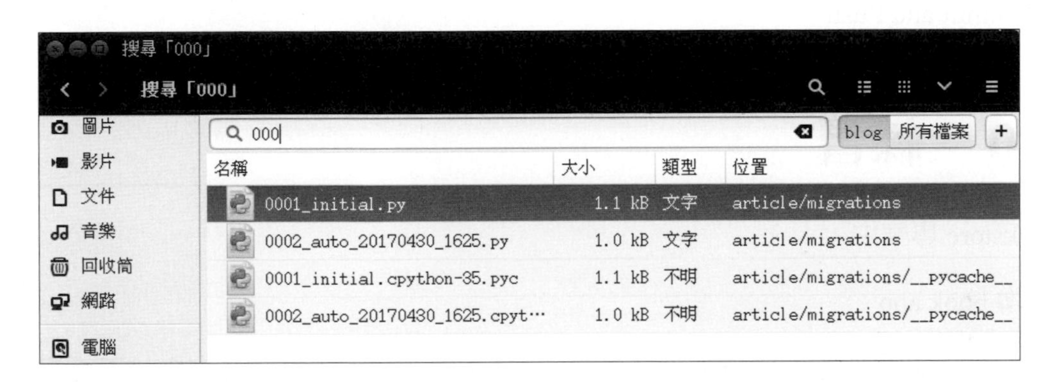

4. 資料庫遷移：`Makemigrations` 與 `Migrate`

5. 填充資料：`(blogVenv)$ python -m populate.local`

6. 重啓伺服器：工具列執行按鈕 → `1 blog blog`

回顧第 3 章之「專案的組成要件」一節，在開發者之間唯一分享的資料是專案，資料庫則是個別開發者在自己的本機端建立，彼此並不分享；因此，資料庫遷移檔以及資料庫裡的資料也都不分享。也就是說，在系統正式上線前，遷移檔案都不需要納入版本控制。在 *.gitignore* 裡加入以下內容，設定版本控制系統忽略所有遷移檔案：

.gitignore

```
1  *~
2  __pycache__
3  *.pyc
4  00*.py
```

本章工作終於完成，工作量還不小，Push 後慰勞自己一下吧：

- Right click project → Team → Commit → Commit message: : `Chapter 8 finished` → Commit and Push

8.10 練習

在 bookstore 專案中：

1. 新增 book app
2. 在 book app 中新增 `Book` model（書籍），包含以下欄位：書名（字串，不重複）、作者姓名（字串）、出版商（字串）、出版日期（日期）及售價（整數）
3. 在 book app 中新增 `Review` model（書評），包含以下欄位：使用者（外來鍵對應到 `User` model）、書籍（外來鍵對應到 `Book` model）、評論（文字）、評點（1~5 之整數）
4. 建立 *populate* 套件目錄並在其中撰寫填充程式 *book.py* 與 *review.py*，建立至少 5 筆書籍資料，每本書建立至少 5 筆書評資料（當然，也需建立 *admin.py* 與 *users.py*）
5. 利用 admin 頁面觀察資料建立是否正確，亦可客製化管理者頁面樣式

Chapter 9

顯示部落格文章

學習目標

- 在 Views 程式中執行 QuerySet API 存取資料
- 在範本以各種格式顯示資料

9.1 在部落格頁面顯示文章

顯示部落格文章

目前部落格頁面僅顯示「部落格 -- 歡迎蒞臨」字樣，既然資料庫裡已填入許多文章資料，我們就將頁面內容改為顯示所有部落格文章，修改 Views 程式：

article/views.py

```
1   from django.shortcuts import render
2
3   from article.models import Article
4
5
6   def article(request):
7       '''
8       Render the article page
9       '''
10      articles = Article.objects.all()
11      context = {'articles':articles}
12      return render(request, 'article/article.html', context)
```

- 匯入 Article model
- articles = ...:取出所有的文章資料，Django 稱查詢出來的資料為查詢集（Query set）
- context = ...：利用範本變數 articles 將查詢集傳至範本

修改範本以顯示文章資料：在 content 區塊加入內容

article/templates/article/article.html

```
1   ...
2   {% block content %}
3   <br>
4   {% for article in articles %}
5     <h3>{{ article.title }}</h3>
6     <p>發表時間：{{ article.pubDateTime|date:'Y-m-d H:i' }}</p>
7     <div class="articleContent">{{ article.content }}</div>
8     <hr>
9   {% endfor %}
10  {% endblock %}
```

■ `{% for article in articles %}`：Views 程式傳入 `articles` 查詢集，利用迴圈範本指令來處理每一筆資料，迴圈變數名稱為 `article`

■ `<h3>{{ article.title }}</h3>`：利用 `<h3>` 之 HTML 格式來顯示 `article` 的 `title` 欄位內容

■ `{{ article.pubDateTime|date:'Y-m-d H:i' }}`：顯示 `pubDateTime` 欄位內容

◆ 在範本指令中，| 符號稱為過濾器（Filter），目的在於對資料進行額外處理

◆ `date:'...'`：設定日期時間的顯示格式

◆ `Y-m-d`：4 碼西元年，數字月，數字日，以短橫線連結，後接一個空白

◆ `H:i`：24 小時格式，時與分之間加冒號

■ `{{ article.content }}`：顯示文章內容，並加上一個 `articleContent` 之 CSS 類別，以便之後設定樣式

■ 測試：發現文章內容並未斷行（HTML 中，`\n` 並無效應）

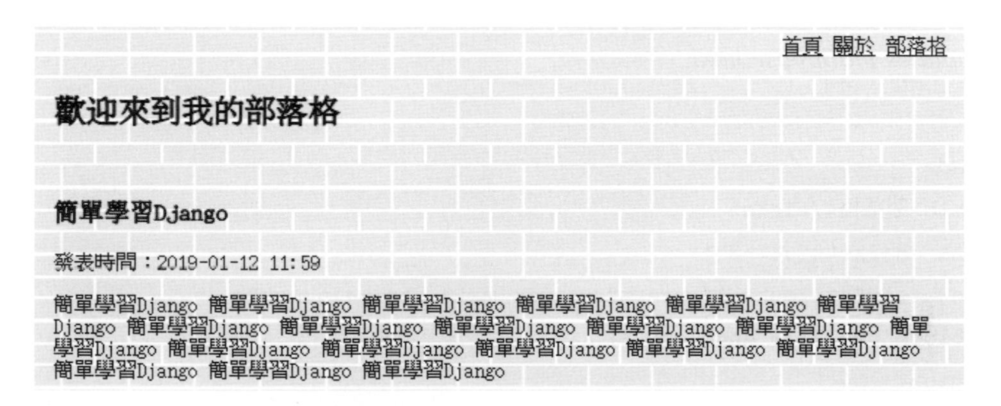

■ 加上 `linebreaks` 斷行過濾器：

```
<div class="articleContent">{{ article.content|linebreaks }}<div>
```

■ 再次測試並檢視原始碼：範本引擎將 `\n` 置換為 `<br>`，並且將文章內容以 `<p>` 段落

標籤包住，如下：

```
<h3>簡單學習Django</h3>
<p>發表時間：...</p>
<div class="articleContent">
<p>簡單學習Django<br>
   簡單學習Django<br>
   簡單學習Django<br>
   ...
<p>
<div>
<hr>
```

接下來我們加上 CSS 設定，讓文章呈現邊框及背景。首先需要在 *base.html* 裡新增名爲 css 之範本區塊，讓各個 App 決定是否加入個別的 CSS 連結：

main/templates/main/base.html

```
1    ...
2    <head>
3    <title>部落格</title>
4    <meta charset="utf-8">
5    <link rel="stylesheet" href="/static/main/css/main.css">
6    {% block css %}{% endblock %}
7    </head>
8    ...
```

然後建立以下目錄結構，並新增 CSS 檔案：

article/
　static/
　　article/
　　　css/
　　　　article.css

article/static/article/css/article.css

```
1  .articleContent {
2    padding: 20px;
3    background-color: #e9e9e9;
4    border: thin solid gray;
5    border-radius: 10px;
6  }
```

然後在 *article.html* 加上 CSS 連結：

article/templates/article/article.html

```
1  {% extends 'main/base.html' %}
2  {% load static %}
3  {% block css %}
4  <link rel="stylesheet" href="{% static 'article/css/article.css' %}">
5  {% endblock %}
6  {% block heading %}歡迎蒞臨{% endblock %}
7  {% block content %}
8  ...
9  {% endblock %}
```

- 只要在範本中有靜態檔案連結者，均需要加上 `{% load static %}`
- 新增 `css` 範本區塊，內容為 CSS 檔案之連結

測試結果（可能需要重新啟動伺服器）：

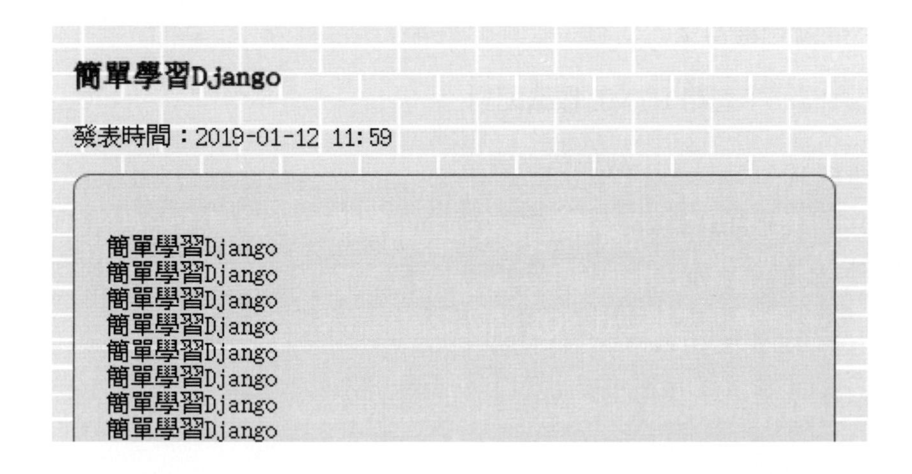

僅顯示文章部分內容

由於文章內容可能很長，應先顯示部分內容，訪客有興趣的話再看全部內容。我們可以在 *article.html* 利用 `truncate_html` 範本過濾器來截斷文章，只顯示部分內容：

```
{{ article.content|linebreaks|truncatechars_html:30 }}
```

以上僅顯示 30 個字元（包含 3 個句點），其餘截斷，而且保持 HTML 標籤正確配對。測試：文章內容截斷，並以 3 個句點結束。

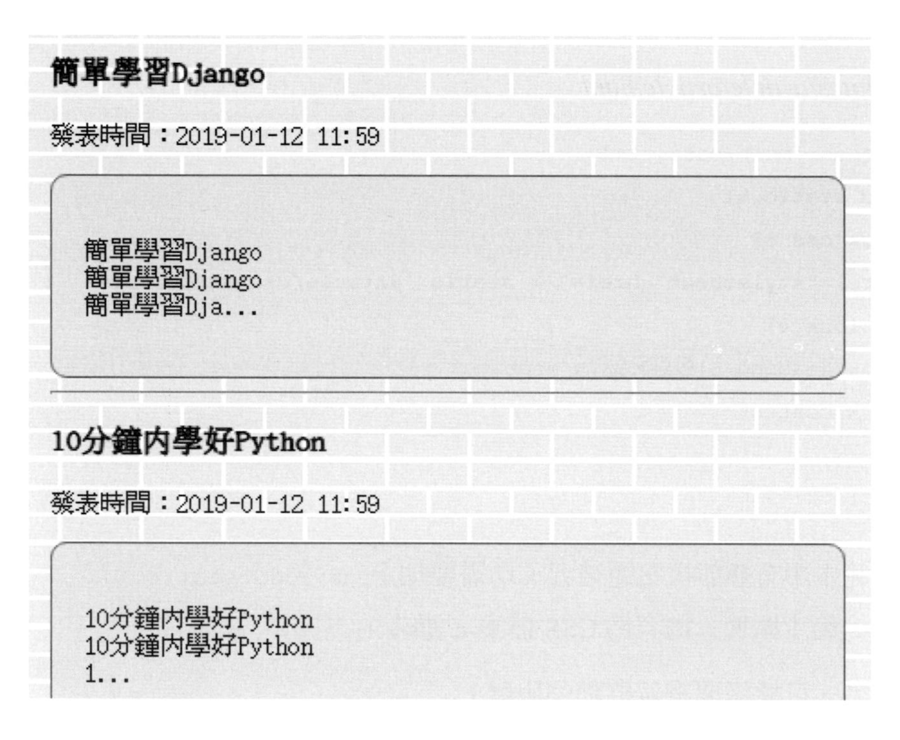

另有以下截斷過濾器：

- `truncatechars`：忽略 HTML 標籤配對
- `truncatewords_html`：不截斷英文單字

9.2 在每篇文章下方顯示所屬留言

取出文章留言

在部落格頁面除了顯示文章外，也應該顯示該文章的留言，因此，修改 Views 程式，在取出文章時一併取出該文章所屬留言：

article/views.py

```
1   ...
2   from article.models import Article, Comment
3
4
5   def article(request):
6       '''
7       Render the article page
8       '''
9       articles = Article.objects.all()
10      articles = {article:Comment.objects.filter(article=article) for article in
    Article.objects.all()}
11      context = {'articles':articles}
12      return render(request, 'article/article.html', context)
```

- 匯入 `Comment` model
- 將 `articles` 變數改爲一個字典（Dictionary），其中每個項目的鍵（Key）就是文章物件，而其對應值（Value）就是所屬的留言查詢集，如下：

```
articles = {
  article1: <comment1-1, comment1-2, comment1-3, ...>,
  article2: <comment2-1, comment2-2, comment2-3, ...>,
  ...
}
```

- 迴圈：每一篇文章迴圈產生一組字典項目

  註：從 Python 3.6 開始，字典項目會依照輸入的順序排序，因此文章還是會依照日期順序來顯示

頁面顯示文章及留言

article.html

```
1  ...
2  {% block content %}
3  <br>
4  {% for article in articles %}
5    ...
6  {% endfor %}
7  {% for article, comments in articles.items %}
8    <h3>{{ article.title }}</h3>
9    <p>發表時間：{{ article.pubDateTime|date:'Y-m-d H:i' }}</p>
10   <div class="articleContent">{{ article.content|linebreaks|truncatechars_
   html:30 }}</div>
11   {% for comment in comments %}
12     <div class="commentDiv">
13       <span class="comment">{{ comment.content }}</span>
14       <br>
15       <span class="commentTime">{{ comment.pubDateTime|date:'m月d日 H:i' }}</span>
16     </div>
17   {% endfor %}
18   <hr>
19 {% endfor %}
20 {% endblock %}
```

- 利用巢狀迴圈顯示文章及留言，外層迴圈的每一個項目是文章，內層迴圈的每一個項目是文章的所屬留言
- 以迴圈處理字典的範本指令格式如下：

```
{% for key, value in <dict>.items %}
  {{ key }}: {{ value }}
{% endfor %}
```

  因此，取用文章及留言的迴圈語法爲 `{% for article, comments in articles.items %}`

- 每個留言設定 `commentDiv`, `comment` 與 `commentTime` 等 CSS 類別，留言字體設定較小，日期設爲灰色：

article/static/article/css/article.css

```
1   .articleContent {
2     ...
3   }
4
5   .commentDiv {
6     margin-top: 1em;
7   }
8
9   .comment {
10    font-size: 0.8em;
11  }
12
13  .commentTime {
14    font-size: 0.6em;
15    color: #777777;
16  }
```

測試結果：

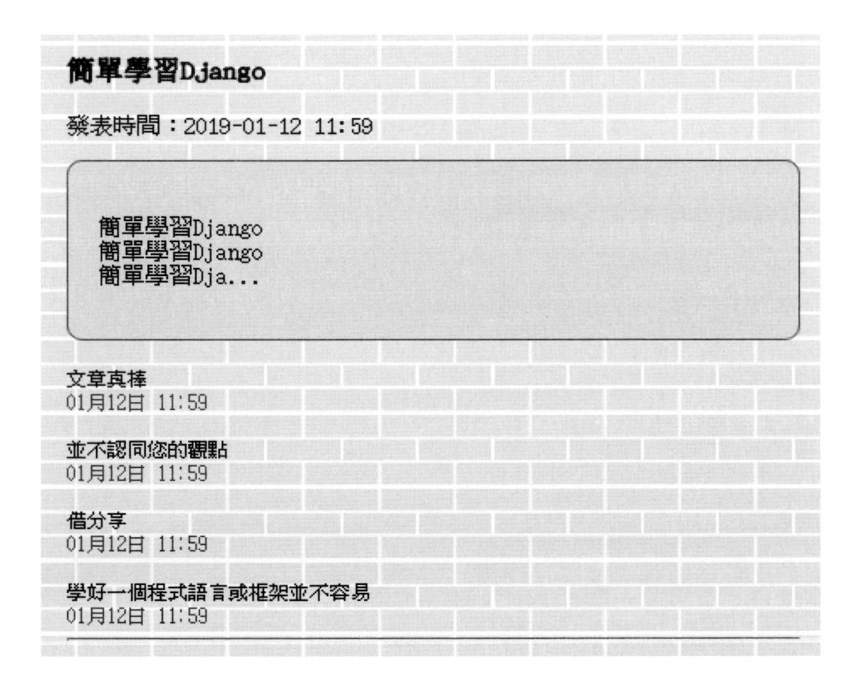

看來文章與留言都已正常顯示，至此本章結束，Push 專案到 Github：

- Right click project → Team → Commit → Commit message: `Chapter 9 finished` →

Commit and Push

9.3 練習

在 bookstore 專案中：

1. 刪除 bookstoredb 資料庫，重建資料庫，並重新填入資料
2. 在 bookstore 專案的 book app 中撰寫相關程式，讓所有書籍資料以表格顯示各個欄位，書評資料則計算該書所有評點的平均值

Chapter 10

表單

學習目標

- HTML 表單與 Django 表單
- 表單處理流程
- 表單的 GET 與 POST 請求
- 訊息框架
- CRUD 基本功能

10.1 表單簡介

HTML 表單

HTML 表單（HTML form）是用來蒐集使用者資訊的 HTML 元素，提供許多元件讓使用者輸入資料，例如輸入欄、下拉選單、單選鈕、複選框等等；當使用者填好一份表單資料並送出，瀏覽器就會將資料傳送給伺服器處理。HTML 表單的語法如下：

```
<form method=... action=...>
  ...
</form>
```

其中 method 屬性指定是以 get 或 post 方式傳送資料，而 action 屬性則指定要送到哪個 URL 網址。在表單裡可以加入許多表單元素（Form element），常見的元素如下：

- 文字輸入（Text input）：`<input type="text" name=...>`
- 密碼輸入（Password input）：`<input type="password" name=...>`
- 文字區塊（Text area）：`<textarea rows=... cols=... name=...> ... </textarea>`
- 單選鈕（Radio choice）：

```
<input type="radio" name=... value=... checked> ...
<input type="radio" name=... value=...> ...
...
```

- 複選框（Check box）：

```
<input type="checkbox" name=... value=...> ...
<input type="checkbox" name=... value=... checked> ...
...
```

- 下拉選單（Drop-down select box）：

```
<select name=...>
  <option value=...> ... </option>
  <option value=... selected> ... </option>
  ...
</select>
```

- 影像按鈕（Image button）：<input type="image" src=...>
- 隱藏輸入（Hidden input）：<input type="hidden" name=... value=...>
- 按鈕（Button）：<button> ... </button>
- 表單送出（Form submit）按鈕：<input type="submit" value=...>

例如，一個使用者登入的表單可以如下：

```
<form method="post" action="/account/login/">
  <p>帳號：<input type="text" name="username"></p>
  <p>密碼：<input type="password" name="password"></p>
  <p><input type="submit" value="送出"></p>
</form>
```

表單資料的處理是很麻煩的一件事，不僅需要撰寫許多 HTML 碼，也需要許多程式來檢驗使用者的資料，確認使用者在表單中填好填滿，以免缺漏或者讓錯誤資料進入資料庫，成爲未來的不定時炸彈。

Django 表單

爲了強化 HTML 表單處理功能，Django 提供「表單類別」（Form class），主要功能如下：

- 備妥資料，以便呈現在 HTML 表單中
- 自動產生 HTML 表單
- 接收並處理使用者送出的資料

開發者雖然也可以自行撰寫程式完成以上功能，但 Django 表單可以幫你輕鬆搞定。一般而言，表單所蒐集的資料會存到資料庫，因此包括資料的新增（Create）、讀取（Read）、修改（Update）、刪除（Delete）、查詢（Search）等，都是使用表單的主要目的，這些操作也簡稱「增讀改刪查」（CRUD + Search），是存取資料庫最基本的操作。

接下來我們將增加系統功能，讓管理者透過表單來處理部落格文章。建立一個 Django 表單的步驟如下：

1. 在 *<app>* 目錄裡新增 *forms.py* 模組，並在其中建立表單類別（Form class）
2. 撰寫 Views 程式來處理表單
3. 建立表單的 URL 對應
4. 建立呈現 HTML 表單之範本

10.2 建立 Django 表單

我們依據 `Article` model 的規格來建立 Django 表單，且將表單命名為 `ArticleForm`：

article/forms.py

```
1   from django import forms
2   from article.models import Article
3
4
5   class ArticleForm(forms.ModelForm):
6       title = forms.CharField(label='標題', max_length=128)
7       content = forms.CharField(label='內容', widget=forms.Textarea)
8
9       class Meta:
10          model = Article
11          fields = ['title', 'content']
```

- 首先匯入 `forms` 與 `Article` model
- `class ArticleForm(forms.ModelForm)`：Django 利用 Python class 來建立表單，因為表單欄位來自 Model，因此繼承 `forms.ModelForm`
- `ArticleForm` 有兩個欄位，分別為 `title` 與 `content`
    - `title`：字元欄位（`CharField`），欄位標籤為「標題」，設定最多 128 個字元，之後產生 HTML 表單時，Django 會將 `CharField` 欄位對應到 `<input type="text" ...>` 元素

- ◆ content：字元欄位（CharField），欄位標籤為「內容」，Widget 為表單小工具，用來指定在產生 HTML 表單時，該對應到什麼 HTML 元素。widget=forms.Textarea 則對應到 <textarea ...>...</textarea> 元素

- ■ class Meta：表單的詮釋資料
  - ◆ model = Article：表單欄位來自 Article model
  - ◆ fields = ['title', 'content']：表單所使用到的 Model 欄位（正面表列），另外還有以下二種寫法：
    - ▲ exclude = [...]：排除某些 Model 欄位（負面表列）
    - ▲ fields = '__all__'：所有 Model 欄位

備註：表單所繼承的類別以及常用欄位與小工具

- ■ 如果表單的欄位來自某 Model，則此類表單稱為「模型表單」（Model form），需繼承 forms.ModelForm
- ■ 如果表單的所有欄位都與 Model 無關，則繼承 forms.Form
- ■ 有些表單欄位是不用存入資料庫的，例如要求使用者勾選同意某條款，此欄位資料不需要存入資料庫（使用者同意才會儲存資料，否則就不會儲存資料，因此，不需要同意資料）
- ■ Django 表單常用欄位：
  - ◆ CharField：字元
  - ◆ IntegerField：整數
  - ◆ FloatField：浮點數
  - ◆ BooleanField：布林
  - ◆ DateField：日期
  - ◆ DateTimeField：日期時間
  - ◆ ChoiceField：單選（自行設定選項）
  - ◆ MultipleChoiceField：複選（自行設定選項）
  - ◆ ModelChoiceField：單選（選項來自 Model）
  - ◆ ModelMultipleChoiceField：複選（選項來自 Model）
  - ◆ URLField：網址
  - ◆ EmailField：電郵

■ Django 表單常用小工具及其所對應的 HTML 元素：

- `widget=forms.TextInput`：文字輸入框 `<input type="text">`
- `widget=forms.TextInput(attrs={'type':'date'})`：日期輸入框 `<input type="date">`
- `widget=forms.PasswordInput`：密碼輸入框 `<input type="password">`
- `widget=forms.NumberInput`：數字輸入框 `<input type="number">`
- `widget=forms.Textarea`：文字區塊 `<textarea>...</textarea>`
- `widget=forms.Select`：下拉式選單 `<select>...</select>`
- `widget=forms.RadioSelect`：單選鈕 `<input type="radio">`
- `widget=forms.CheckboxSelectMultiple`：複選框 `<input type="checkbox">`

表單的處理是一個流程，程序如下：

1. 使用者點擊某按鈕或連結準備填寫 HTML 表單，此時瀏覽器發出 GET 請求，系統回覆一個空白 HTML 表單
2. 使用者填寫資料，完成後點擊「送出」按鈕，HTML 表單發出 POST 請求
3. 系統檢查資料：
   (1) 如果資料正確即儲存到資料庫
   (2) 否則回到步驟 1，但所回覆的 HTML 表單包含原先填寫的資料以及錯誤訊息
4. 轉到所指定的頁面

接下來我們將依序完成部落格文章的「增讀改刪查」功能，完成後，管理者處理文章的功能就算完整了。

10.3 新增文章

首先撰寫 Views 程式，程式邏輯即上述的表單流程，我們亦將步驟寫在函式註解裡，並一步一步地完成程式：

1. 如果是 GET 請求，表示使用者準備新增文章，系統就顯示空白表單，讓使用者可以輸入文章內容。
2. 如果是 POST 請求，表示使用者新增完畢並送出表單，系統驗證資料是否正確，如果資料錯誤就回覆錯誤訊息，否則就將資料存入資料庫，最後轉到文章列表頁面。

article/views.py

```
1   ...
2
3   def article(request):
4       ...
5
6
7   def articleCreate(request):
8       '''
9       Create a new article instance
10          1. If method is GET, render an empty form
11          2. If method is POST,
12             * validate the form and display error messages if the form is invalid
13             * else, save it to the model and redirect to the article page
14      '''
15      # TODO: finish the code
16      return render(request, 'article/article.html')
```

- 將函式命名爲 `articleCreate()`：文章新增，並在註解裡說明表單處理步驟
- `# TODO`：開發者常常使用這樣的註解，表示未來應完成的工作
- `return render(...)`：目前先顯示 *ariticle.html* 範本，其餘功能以後慢慢再加入

接下來我們規劃新增文章之 URL 的格式為 article/articleCreate/，並在 *urls.py* 裡增加新項目：

article/urls.py

```
1  ...
2
3  urlpatterns = [
4      path('', views.article, name='article'),
5      path('articleCreate/', views.articleCreate, name='articleCreate'),
6  ]
```

■ 如果 URL 格式是 article/articleCreate/，就由 articleCreate() 函式處理，並將此 URL 對應命名為 articleCreate

在 *article.html* 頁面加入新增文章按鈕，使用者點擊後啟動表單流程。

article/templates/article/article.html

```
1  ...
2  {% block content %}
3  <br>
4  <p><a class="btn" href="{% url 'article:articleCreate' %}">新增文章</a></p>
5  {% for article, comments in articles.items %}
6  ...
```

■ <a ...> 新增文章 </a>：新增文章之功能，使用具名 URL 格式，點此按鈕會產生一個 GET 請求，系統則顯示空白表單讓使用者填寫資料

■ 撰寫 CSS 將 <a> 加上 class="btn" 類別設定為按鈕樣式，由於可提供許多 App 共用，因此樣式設定放在 *main.css* 裡：

main/static/main/css/main.css

```
1  ...
2
3  ul#menu li {
4    display: inline-block;
5  }
6
7  /* Button */
```

```
8   .btn {
9     display: inline-block;
10    color: black;
11    font-size: 0.8em;
12    padding: 0.5em 1em;
13    text-decoration: none;
14    border: thin solid gray;
15    background: linear-gradient(#f7f7f7, #dedede);
16  }
```

- display：設定爲行內區塊元素特性
- color：黑色文字（註：<a> 的預設顏色是藍色）
- font-size：設定字體大小
- padding：讓按鈕看起來寬而扁
- text-decoration：去除連結底線
- border：邊界爲灰色細實線
- background：背景爲線性漸層

觀察結果，產生了一個「新增文章」按鈕：

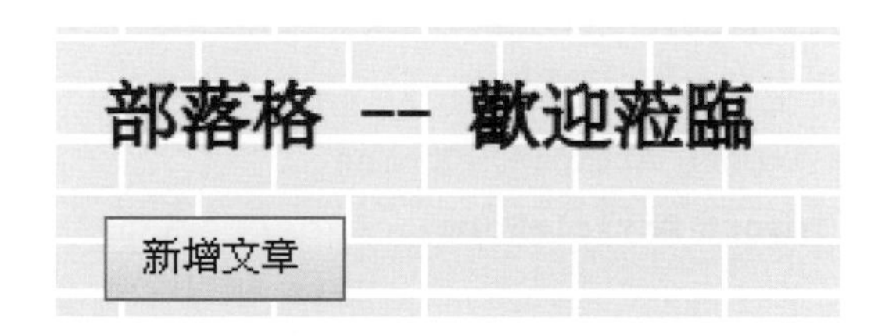

表單的處理流程

圖 10.1 以程式邏輯的觀點顯示更爲詳細的表單處理流程：

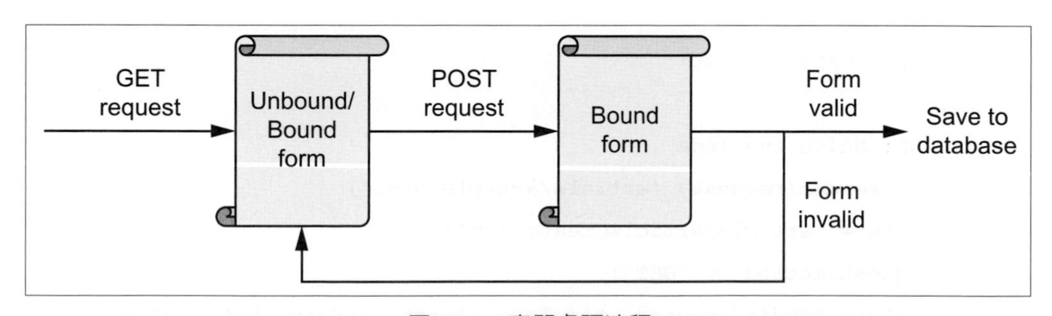

圖 10.1　表單處理流程

說明如下（註，以下「表單」指的是 Django 表單）：

1. 當使用者在頁面點擊「新增文章」按鈕後，瀏覽器發出 GET 請求傳送到伺服器，此時系統產生一個「未綁定表單」（Unbound form，亦即空白表單），然後傳送到瀏覽器呈現，讓使用者可以開始填寫資料
2. 使用者填完資料後送出表單，瀏覽器發出 POST 請求，此時系統產生「綁定表單」（Bound form，亦即使用者所填入的資料已綁定在表單裡）
3. 接著系統會進行表單資料驗證，若驗證通過則將表單資料儲存至資料庫；否則將綁定表單傳送到瀏覽器再次顯示，此時的表單內含原先輸入的資料與錯誤訊息，讓使用者修正錯誤部分

接下來我們一步一步完成以上流程。

處理 GET 請求

首先處理瀏覽器的 GET 請求，將 *article/views.py* 裡的 `# TODO` 與 `return render(...)` 兩行刪除，並加入處理 GET 請求程式片段：

article/views.py

```
1   from django.shortcuts import render
2
3   from article.models import Article, Comment
4   from article.forms import ArticleForm
5
6
7   def article(request):
8       ...
9
10
11  def articleCreate(request):
12      ...
13      # TODO: finish the code
14      return render(request, 'article/article.html')
15      template = 'article/articleCreate.html'
16      if request.method == 'GET':
17          return render(request, template, {'articleForm':ArticleForm()})
```

- 匯入 ArticleForm：Django 表單類別，用來產生 HTML 表單
- articleCreate.html：新增文章的範本
- if request.method == 'GET'：HTTP 請求的方法是 GET，表示使用者點選 <a> 按鈕或在瀏覽器直接輸入 URL 發出請求，表示使用者準備要新增一篇文章（註：因為此函式需處理 GET 與 POST 請求，故需判斷請求的型態，後續會再加上 POST 請求的處理程式）
    - {'articleForm':ArticleForm()}：利用 ArticleForm() 產生一個 Django 表單實例（Instance）
    - 以無參數方式呼叫 ArticleForm()，Django 會產生一個空白表單實例，此種表單稱為「未綁定表單」（Unbound form），亦即表單沒有綁定任何資料
    - return render(...)：顯示 template 範本，內含一個未綁定表單

接下來撰寫範本，在 articleCreate(request) 函式裡已命名了新增表單的範本，因此新增一個範本檔案，內容如下：

article/templates/article/articleCreate.html

```
1   {% extends 'main/base.html' %}
2   {% load static %}
3   {% block css %}
4   <link rel="stylesheet" href="{% static 'article/css/article.css' %}">
5   {% endblock %}
6   {% block heading %}新增文章{% endblock %}
7   {% block content %}
8   <form method="post" action="{% url 'article:articleCreate' %}">
9     {% csrf_token %}
10    {{ articleForm.as_p }}
11    <input type="submit" value="送出">
12  </form>
13  {% endblock %}
```

- 繼承 *base.html* 範本，並設定好所需的各區塊內容
- 加入 {% load static %} 範本標籤與 css 範本區塊，其內容為 CSS 檔案連結
- form 的方法為 post，action 使用 {% url 'article:articleCreate' %} 之具名 URL 格式

- `{% csrf_token %}`：加入表單安全機制，Django 要求所有發出 POST 請求的 HTML 表單都必須有防止「跨網站偽造請求」(Cross-site request forgery, CSRF) 機制，以確保網站安全
  - 跨網站偽造請求：當 Django 送出空白表單時，會將一個亂數送出讓瀏覽器存在 Cookie 中，等到使用者送出表單時，瀏覽器會連同屬於該部伺服器的 Cookie 一併送出，伺服器端就可以驗證是否是由相同瀏覽器所送出的表單
  - 因此將整個 HTML 碼複製到另一種瀏覽器或另一部電腦的瀏覽器，所送出的表單不會被接受
- `{{ articleForm.as_p }}`：讓 Django 自動產生 HTML 表單，`.as_p` (as paragraph) 表示表單欄位以段落方式呈現，因此每個欄位會以 `<p></p>` 包住
- `<input type="submit" value="送出">`：表單送出按鈕
- 結論：開發者僅需撰寫 `<form ...>` 標籤以及 `<input type="submit" ...>` 送出按鈕等 HTML 碼，其餘欄位則由 Django 自動產生

再加上輸入框的樣式，讓輸入框寬敞一點：

article/static/article/css/article.css

```
1  ...
2
3  .commentTime {
4    ...
5  }
6
7  input[type=text] {
8    padding: 0.4em;
9  }
```

接下來就可以測試囉，點擊「新增文章」按鈕，結果產生一份空白表單（同樣要按 Ctrl-F5）：

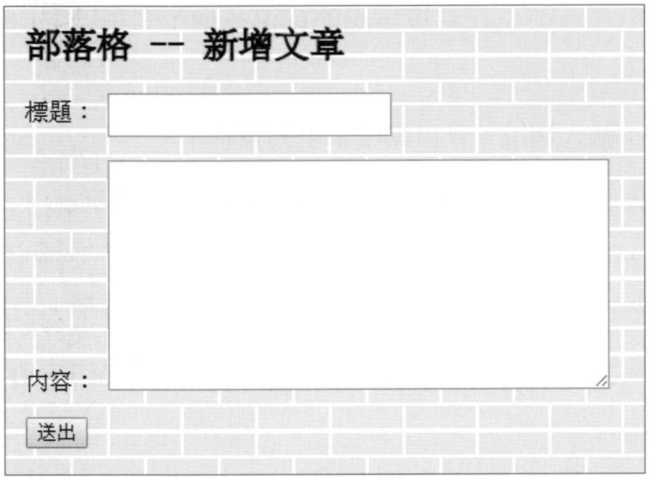

部落格 -- 新增文章

標題：

內容：

送出

我們可以右鍵點擊頁面以檢視 HTML 原始碼，可看到 Django 自動產生以下 HTML 表單：

```
...
<form method="post" action="/article/articleCreate/">
  <input type='hidden' name='csrfmiddlewaretoken' value='...' />
  <p>
    <label for="id_title">標題：</label>
    <input id="id_title" maxlength="128" name="title" type="text" required />
  </p>
  <p>
    <label for="id_content">內容：</label>
    <textarea cols="40" id="id_content" name="content" rows="10" required></
textarea>
  </p>
  <input type="submit" value="送出">
</form>
...
```

- `<input type="hidden" name="csrf..." value=...>`：隱藏標籤，其中 `csrfmiddlewaretoken` 的一長串亂數值是 Django 產生，在 HTML 表單送出時會一併傳送，以便比對是否為相同的瀏覽器
- `<p></p>` 標籤：因為範本裡指定 `.as_p`，因此每個欄位都被 `<p>` 包住

- `<label for=...></label>`：在表單呈現的欄位名稱，文字內容取自 `ArticleForm` 類別裡的 label 資料。
- `<input id=...>`：輸入欄位，且自動產生下列資料：
  - `id="id_<fieldName>"`：`id` 屬性，其值就是 Model 欄位名稱冠上 `id_` 前置字元
  - `max_length="128"`：其值取自 `ArticleForm` 類別裡的 `max_length` 資料
  - `name="<fieldName>"`：其值取自 `Article model` 裡的欄位名稱

亦可在 `articleCreate()` 函式中加上 `print()` 指令觀察 Django 所產生的表單內容：

article/viewspy

```
1  def articleCreate(request):
2      ...
3      if request.method == 'GET':
4          print(ArticleForm())
5          return render(request, template, {'articleForm':ArticleForm()})
```

內容如下，可見 Django 表單預設的結構是表格（Table）：

```
<tr>
  <th><label for="id_title">標題：</label></th>
  <td><input id="id_title" maxlength="128" name="title" type="text" required
/></td>
</tr>
<tr>
  <th><label for="id_content">內容：</label></th>
  <td><textarea cols="40" id="id_content" name="content" rows="10" required></
textarea></td>
</tr>
```

備註：其他 Django 表單格式

Django 另外還有兩種表單格式：

- 表格（Table）：欄位以 <tr>, <td> 標籤包住，語法如下：

```
<form ...>
  {% csrf_token %}
  <table>
    {{ articleForm.as_table }}
  </table>
  <input type="submit" value="送出">
</form>
```

- 無序清單（Unordered list）：欄位以 <li> 標籤包住，語法如下：

```
<form ...>
  {% csrf_token %}
  <ul>
    {{ articleForm.as_ul }}
  </ul>
  <input type="submit" value="送出">
</form>
```

處理 POST 請求

GET 請求處理完畢，接著處理表單的 POST 請求，在 `articleCreate()` 函式中加入以下程式片段：

article/views.py

```
1   ...
2
3   def articleCreate(request):
4       ...
5       if request.method == 'GET':
6           print(ArticleForm())
7           return render(request, template, {'articleForm':ArticleForm()})
8
9       # POST
10      articleForm = ArticleForm(request.POST)
11      if not articleForm.is_valid():
12          return render(request, template, {'articleForm':articleForm})
13
14      articleForm.save()
15      return article(request)
```

- 首先刪除列印表單實例的指令
- HTTP 請求的方法是 POST，表示使用者已填好資料並按下「送出」按鈕以送出表單
- `articleForm = ArticleForm(request.POST)`：
    - `request.POST` 是使用者在表單裡所填的資料，透過 HTML 表單傳送到後端
    - 以 `request.POST` 爲參數呼叫 Django 表單類別所產生的表單稱爲綁定表單（Bound form），也就是說，該表單已綁定使用者輸入的資料
    - 可利用 `print(request.POST)` 指令觀察綁定表單的內容，如下：

      ```
      <QueryDict: {'csrfmiddlewaretoken': ['...'], 'content': ['...'], 'title':
      ['...']}>
      ```

    - 可見 Django 是利用 Python 字典來儲存使用者送出的資料，每份資料的值以串列儲存（可能多個）
- `articleForm.is_valid()`：利用 Django 表單方法 `is_valid()` 來驗證使用者所輸入的資料格式是否正確

  - ◆ 如果資料不正確，將綁定表單 articleForm（內含使用者輸入的資料及錯誤訊息）再次顯示給使用者，如此使用者就不需要重新輸入全部資料，只要修正錯誤部分即可
  - ◆ 如果資料正確，呼叫表單方法 save() 將資料存入資料庫

- ■ 最後呼叫先前所寫的 article(request) 函式回到部落格頁面

測試看看吧，在文章頁面按下「新增文章」，輸入文章標題及內容，再按下「送出」鈕，可看到文章已新增完成。

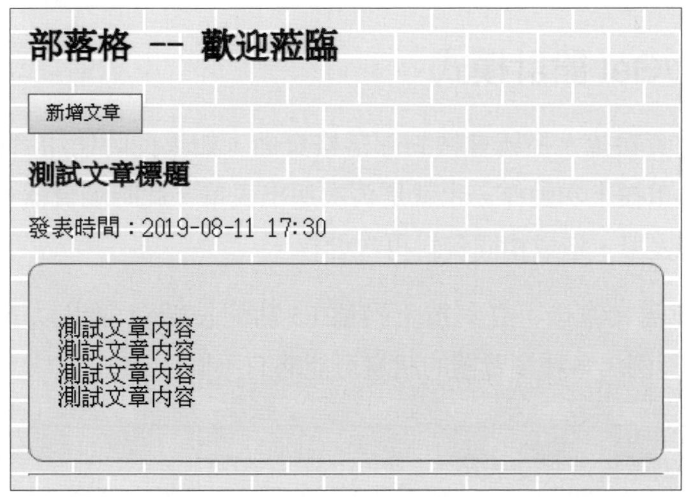

備註：函式中的 if ... return 指令

在 articleCreate() 函式中對於請求方法判斷的 if 指令結構：

```
if request.method == 'GET':
    return render(request, template, {'articleForm':ArticleForm()})

# POST
articleForm = ArticleForm(request.POST)
...
```

不要寫成如下之 if ... else ... 格式，以免階層過深，因爲 return 指令會結束函式執行，後續指令都不會執行了，因此不需要 else 部分：

```
if request.method == 'GET':
    return render(request, template, {'articleForm':ArticleForm()})
else:     # POST
    articleForm = ArticleForm(request.POST)
    ...
```

記得 Python 的禪學（Zen of Python, https://www.python.org/dev/peps/pep-0020/）中提到：

```
Flat is better than nested. （扁平比巢狀好）
```

Post/Redirect/Get 設計模式

在使用者新增資料後，系統會轉到部落格頁面，如果此時使用者按下 F5 按鈕（重新整理頁面）就會重複上次動作，也就是再次送出表單，此時瀏覽器會發出警告，如果繼續就會重複送出表單，造成相同資料再次儲存。

測試：新增一篇文章後，立刻按下鍵盤 F5 功能按鈕會彈出以下對話框（此下爲 Google Chrome 的範例，各種瀏覽器的訊息可能略有不同）。

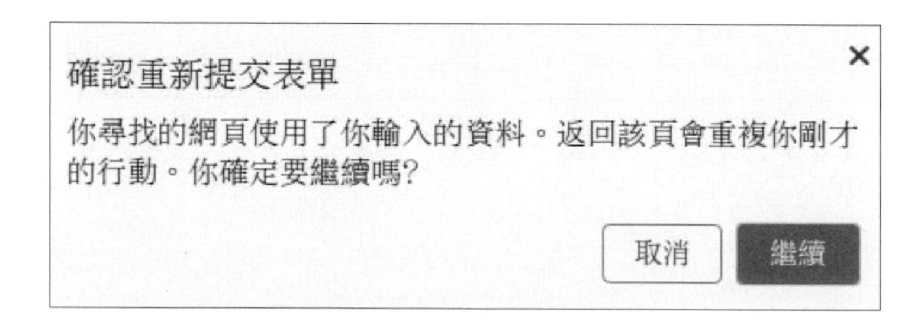

重整頁面（重複執行上次動作）是瀏覽器的基本功能，對於 GET 方法而言並無問題，就只是刷新頁面資料而已。但對於 POST 方法而言就是再次送出資料，這是不對的。此問題的解決方案稱爲「Post/Redirect/Get 設計模式」(https://en.wikipedia.org/wiki/Post/Redirect/Get)，此模式將流程改爲在轉址到目的網頁之後，再發出一個 GET 請求，如圖 10.2 所示。由於最後一個請求是 GET，因此使用者重整頁面所重複的指令會是 GET 而不是 POST，就不會再次送出資料了。

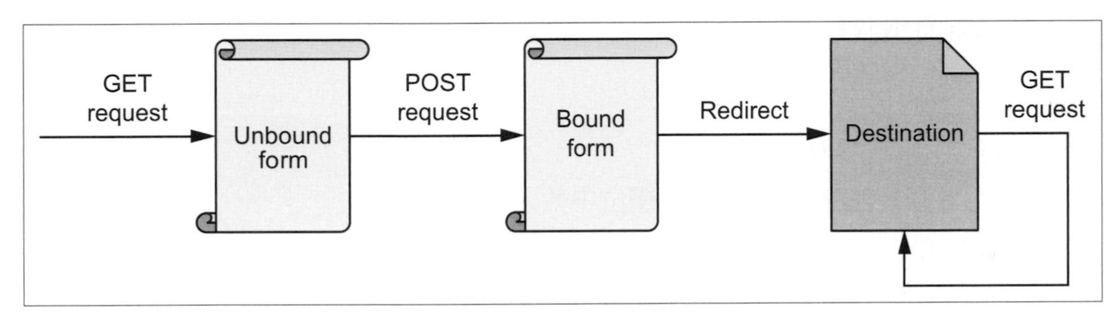

圖 10.2　Post/Redirect/Get 設計模式

使用 Django 的 Post/Redirect/Get 機制非常簡單，只要在 POST 處理結束後，呼叫 `redirect()`（轉址）函式即可：

article/views.py

```
1   from django.shortcuts import render, redirect
2
3   ...
4
5   def articleCreate(request):
6       ...
7       if not articleForm.is_valid():
8           return render(request, template, {'articleForm':articleForm})
9
10      articleForm.save()
11      return article(request)
12      return redirect('article:article')
```

- 首先匯入 `redirect`
- 以具名 URL 格式當作參數來呼叫 `redirect()` 函式，即可完成 Post/Redirect/Get 機制

再次測試：送出表單後再按 F5 按鈕，結果只會刷新頁面，不會重送表單。

`redirect()` 除了實作 Post/Redirect/Get 設計模式之外，其實它的基本功能就如同其名稱一般，是用來轉址的。任何時候，只要在該函式輸入一個網址就會轉到該頁面，例如 `redirect('main:main')` 轉到首頁。

備註：GET 與 POST 方法

HTTP request 有兩個基本方法：GET 與 POST。

- GET：
  - 發出 GET 請求的方式：
    - 使用者直接在瀏覽器的 URL 欄位中輸入網址
    - HTML 的 `<a>`, `<img>`, `<link>`, `<script>` 等連結資源的標籤
    - 使用 GET 方法的表單：`<form method="get" ...>`
    - JavaScript 或 jQuery 程式所發出的 GET 請求
  - HTML 表單送出時，欄位及其值會以配對方式顯示在 URL request 裡，例如：`article/articleSearch/?id=20&username=myname` 表示 id 為 20，username 為 myname
  - 使用時機：傳送的資料不會改變伺服器資料的狀態（亦即不寫入資料）
- POST：
  - 發出 POST 請求的方式：
    - 使用 POST 方法的表單：`<form method="post" ...>`
    - JavaScript 或 jQuery 程式所發出的 POST 請求
  - 使用時機：傳送的資料會改變伺服器資料的狀態（亦即資料會寫入資料庫）
- GET 與 POST 的差異：
  - GET 在瀏覽器重新整理時是無害的，而 POST 會再次提交請求
  - GET 產生的 URL 網址可以被 Bookmark，而 POST 不可以
  - GET 請求會被瀏覽器主動 cache，而 POST 不會，除非手動設置
  - GET 請求只能進行 URL 編碼，而 POST 支援多種編碼方式
  - GET 請求參數會被完整保留在瀏覽器歷史記錄裡，而 POST 中的參數不會被保留
  - GET 請求在 URL 中傳送的參數是有長度限制的，而 POST 沒有
  - 對參數的資料類型，GET 只接受 ASCII 字元，而 POST 沒有限制
  - GET 參數透過 URL 傳遞，POST 則是放在 Request body 中

放棄編輯

可在編輯文章的頁面加一個「放棄」按鈕，讓使用者可以放棄編輯，直接回到部落格頁面。

article/templates/article/articleCreate.html

```
1     ...
2     <input class="btn" type="submit" value="送出">
3     <a class="btn" href="{% url 'article:article' %}">放棄</a>
4   </form>
5   ...
```

- 在 <input type="submit" ...> 裡加上 class="btn" 屬性，讓兩個按鈕外觀一致
- <a ...> 放棄 </a>：放棄按鈕功能其實就是轉到另一個頁面而已，使用具名 URL 格式
- <input type="submit"> 按鈕在不同的瀏覽器有不同的預設字型，因此與放棄按鈕 <a> 可能會因為字體不同導致按鈕的尺寸不同，解決方案為將字體統一：

main/static/main/css/main.css

```
1   ...
2   /* Button */
3   .btn {
4     font-family: Arial;
5     display: inline-block;
6     ...
7   }
8
9   ...
```

測試：在編輯文章時按下「放棄」按鈕，會直接回到部落格頁面。

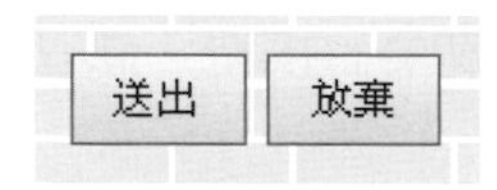

10.4 訊息框架

在使用者完成某項作業時，系統應該回覆一些訊息，讓使用者確認是否完成，這是友善介面必須要有的機制。例如：當使用者完成新增文章流程後，系統顯示「文章已新增」，讓使用者確認其文章已正確儲存。Django 傳送資料到頁面的方式一般是利用範本變數，然後由範本引擎來呈現，但 `redirect()` 函式沒有傳送範本變數的功能，解決方案是利用訊息框架（Messages framework）將資料存在框架中，然後由範本引擎來呈現。在 *settings.py* 裡的 `INSTALLED_APPS` 有 `django.contrib.messages` 項目，即爲 Django 的訊息框架。

在 `articleCreate()` 函式中，如果使用者新增文章成功，就加入訊息「文章已新增」：

article/views.py

```
1   from django.shortcuts import render, redirect
2   from django.contrib import messages
3
4   ...
5
6   def articleCreate(request):
7       ...
8
9       articleForm.save()
10      messages.success(request, '文章已新增')
11      return redirect('article:article')
```

- 訊息型態分爲除錯、資訊、成功、警告及錯誤（`debug, info, success, warning, error`）五種，在 Views 程式中的使用方式爲 `messages.debug(request, '...')`, `messages.info(request, '...')`, `messages.success(request, '...')`, ...

由於可以同時顯示許多訊息，因此訊息是以串列方式儲存在訊息框架中，在範本中要用 for 迴圈顯示，而訊息型態則存在 `message.tags` 屬性裡。由於各個 App 都有顯示訊息的需求，因此在 *base.html* 中加入顯示訊息的範本指令，所有 App 均相同。

main/templates/main/base.html

```
1  ...
2  <h2>部落格 -- {% block heading %}{% endblock %}</h2>
3  {% for message in messages %}
4    <p class="{{ message.tags }}">{{ message }}</p>
5  {% endfor %}
6  {% block content %}{% endblock %}
7  ...
```

接下來為不同訊息型態加上不同的 CSS 樣式，並以顏色標明訊息的意義，增加網頁視覺美感。

main/static/main/css/main.css

```
1  ...
2
3  /* Button */
4  .btn {
5    ...
6  }
7
8  /* Messages */
9  .success, .error {
10   padding: 1em 0 1em 3em;
11 }
12
13 .success {
14   background-color: #ddffdd;
15   border: thin solid green;
16 }
17
18 .error {
19   background-color: #fbd9d8;
20   border: thin solid red;
21 }
```

- 目前僅處理成功與錯誤的訊息，其餘有需要的話再行加入
- `padding: ...`：訊息框之內填充
- 成功訊息顯示淺綠色樣式，錯誤訊息顯示淺紅色樣式

測試：新增一篇文章，送出表單後會顯示訊息：

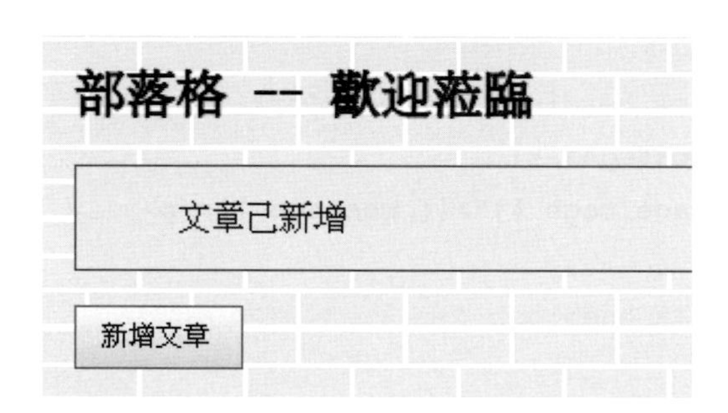

10.5 閱讀文章

目前由於文章可能很長，因此在部落格文章列表裡僅顯示部分文字，但應提供使用者點擊文章標題後，可以閱讀整篇文章的方法。

規劃閱讀一篇文章的URL格式為 `article/articleRead/<articleId>/`，其中 `articleId` 是該物件在資料庫裡的 `id`。接下來在 Views 程式裡加上處理文章閱讀的函式 `articleRead()`：

article/views.py

```
1   from django.shortcuts import render, redirect, get_object_or_404
2   ...
3
4   def articleCreate(request):
5       ...
6
7
8   def articleRead(request, articleId):
9       '''
10      Read an article
11          1. Get the article instance; redirect to the 404 page if not found
12          2. Render the articleRead template with the article instance and its
13             associated comments
14      '''
```

```
15        article = get_object_or_404(Article, id=articleId)
16        context = {
17            'article': article,
18            'comments': Comment.objects.filter(article=article)
19        }
20        return render(request, 'article/articleRead.html', context)
```

- 將函式命名爲 articleRead()：文章閱讀，並從 URL 傳進來 articleId 參數
- 利用 get_object_or_404() 函式以及 Article Model 與 articleId 兩個參數來查詢文章，找到的話就指派給 article 變數，否則就轉到 404（找不到）頁面並結束函式執行
- context 範本字典有兩個項目，其中一個是 article，另一個 comments 是利用 ORM 的過濾（filter）指令將所有 article 所屬留言濾出
- 最後，利用 render() 函式顯示 articleRead.html 範本並置換範本變數

加上 article/articleRead/articleId/URL 對應項目：

article/urls.py

```
1   ...
2   urlpatterns = [
3       ...
4       path('articleCreate/', views.articleCreate, name='articleCreate'),
5       path('articleRead/<int:articleId>/', views.articleRead, name='articleRead'),
6   ]
```

- <int:articleId>：URL 參數的資料型態與名稱，Django 利用此方式在 URL 中傳遞參數，其中 int 指的是參數資料型態爲整數，後接冒號再接參數名稱 articleId
  - 以 article/articleRead/120/ 爲例，articleId 的值即爲 120
- 接著指定此 URL 對應的處理函式爲 views.articleRead，並將此 URL 對應命名爲 articleRead

備註：URL 參數與 Model instance id

- URL 參數有以下資料型態：
  - `<int:...>`：整數，例如 /2019/
  - `<str:...>`：不含 / 之字串，例如 /bestArticle/
  - `<path:...>`：含 / 之字串，例如 /the/best/article/
  - `<slug: ...>`：ASCII 字元、數字與短橫線，例如 /the-best-article/
  - `<uuid: ...>`：唯一識別碼（UUID），例如 /075194d3-6885-417e-a8a8-6c931e272f00/
- 如何知道某筆資料在資料庫裡的 id（Model instance id）？
  - 進入管理者介面，點擊目標物件，URL 欄位會出現類似以下網址：

    `http://localhost:8000/admin/<modelName>/<modelName>/<id>/change/`
  - 就可看到該筆資料的 id 了

在文章列表頁面加上閱讀文章連結，使用者可點選連結閱讀文章：

article/templates/article/article.html

```
1   ...
2   {% for article, comments in articles.items %}
3     <h3><a href="{% url 'article:articleRead' article.id %}">{{ article.title
    }}</a></h3>
4     <p>發表時間：{{ article.pubDateTime|date:'Y-m-d H:i' }}</p>
5   ...
```

- 利用具名 URL 製作連結，並加上文章物件的 article.id 參數，Django 會將此格式轉為 /article/articleRead/<articleId>/

最後，加上文章閱讀範本：

article/templates/article/articleRead.html

```
1   {% extends 'main/base.html' %}
2   {% load static %}
3   {% block css %}
4   <link rel="stylesheet" href="{% static 'article/css/article.css' %}">
5   {% endblock %}
6   {% block heading %}閱讀文章{% endblock %}
7   {% block content %}
8   <h3>{{ article.title }}</h3>
9   <p>發表時間：{{ article.pubDateTime|date:'Y-m-d H:i' }}</p>
10  <div class="articleContent">{{ article.content|linebreaks }}</div>
11  {% for comment in comments %}
12    <div class="commentDiv">
13      <span class="comment">{{ comment.content }}</span>
14      <br>
15      <span class="commentTime">{{ comment.pubDateTime|date:'Y-m-d H:i'}}</span>
16    </div>
17  {% endfor %}
18  {% endblock %}
```

- 繼承 *base.html* 範本，並設定好所需的各區塊內容
- 顯示文章：包含標題、發表時間及內容（整篇顯示，加斷行）
- 以 `for` 迴圈顯示留言內容及發表時間

接著進行測試：在部落格頁面的文章標題呈現連結樣式，點擊之後可看到該文章及所屬留言。也可以嘗試在瀏覽器輸入錯誤的 URL 格式或者不存在的物件，例如：

- `loalhost:8000/article/articleRead/bestArticle/`：因 bestArticle 並非整數，沒有任何 URL mapping 可正確對應，因此由 *blog/urls.py* 裡的 `re_path('.*', include('main.urls'))` 項目處理，亦即回到首頁
- `loalhost:8000/article/articleRead/9999/`：回覆 404 錯誤訊息，因爲找不到 `id` 爲 9999 的物件

備註：為什麼閱讀文章要使用 get_object_or_404() 函式？

主要是爲了後端程式的安全性，閱讀文章按鈕的產生方式是 <a href="{% url 'article:articleRead' article.id %}">，例如：<a href="/article/articleRead/20/">，其中 20 就是該文章在資料庫裡的 id，是由 Views 程式傳到範本，因此使用者點擊此按鈕一定可以找到此篇文章。

然而，由於 <a> 標籤發出的是 GET 請求，也就是說，使用者也可以直接在瀏覽器的 URL 欄位輸入的 GET 請求，例如：localhost:8000/article/articleRead/**2000**/，就可能找不到這筆資料了。使用者可以在前端做許多我們意想不到的事，因此，後端程式的安全性非常重要。

10.6 修改文章

接下來我們準備開發修改文章的功能。首先撰寫 Views 程式，將處理文章修改的函式命名爲 articleUpdate()，程式邏輯如下：

1. 取出欲修改的文章，如果找不到就轉到 404 頁面
2. 如果是 GET 請求，表示使用者準備修改文章，系統就顯示一個綁定表單，讓使用者可以看到文章的原始資料，並且開始修改
3. 如果是 POST 請求，表示使用者修改完畢，系統驗證資料是否正確，如果資料錯誤就顯示一個綁定表單，內含錯誤訊息並回覆使用者，否則就儲存資料並轉到 articleRead 頁面

article/views.py

```
1   ...
2
3   def articleRead(request):
4       ...
5
6
7   def articleUpdate(request, articleId):
8       '''
9       Update the article instance:
10          1. Get the article to update; redirect to 404 if not found
```

```
11          2. If method is GET, render a bound form
12          3. If method is POST,
13             * validate the form and render a bound form if the form is invalid
14             * else, save it to the model and redirect to the articleRead page
15      '''
16      # TODO: finish the code
17      return render(request, 'article/article.html')
```

- 函式註解中說明表單修改的邏輯
- 最後暫時先顯示 `article.html` 頁面，其餘程式之後再補上

接下來規劃修改文章之 URL 的格式是 `/article/articleUpdate/<articleId>/`，並在 *urls.py* 裡增加新項目：

article/urls.py

```
1   urlpatterns = [
2       ...
3       path('articleRead/<int:articleId>/', views.articleRead,
    name='articleRead'),
4       path('articleUpdate/<int:articleId>/', views.articleUpdate,
    name='articleUpdate'),
5   ]
```

- 同樣使用整數 `articleId` 參數傳遞文章物件的 `id`
- 處理函式爲 `articleUpdate()`，並將此 URL 對應命名爲 `articleUpdate`

接著在閱讀文章頁面增加一個修改按鈕：

article/templates/article/articleRead.html

```
1   ...
2   <h3 class="inlineBlock">{{ article.title }}</h3>
3   <a class="btn inlineBlock" href="{% url 'article:articleUpdate' article.id
    %}">修改</a>
4   <p>發表時間：{{ article.pubDateTime|date:'Y-m-d H:i' }}</p>
5   ...
```

■ 文章標題之 <h3> 標籤與「修改」按鈕之 <a> 標籤都加入 class="inlineBlock" 之 CSS 類別，之後會設定 CSS 樣式，讓文章標題與修改按鈕可以並列

■ <a ...> 修改 </a>：修改按鈕，使用具名 URL 格式

然後在 *main.css* 加上行內區塊樣式：

main/static/main/css/main.css

```
1   ...
2
3   .error {
4     background-color: #fbd9d8;
5     border: thin solid red;
6   }
7
8   /* Misc */
9   .inlineBlock {
10    display: inline-block;
11  }
```

測試時可看到「修改」按鈕與文章標題並列（需按 Ctrl+F5）：

由於新增與修改的 HTML 格式完全相同，唯一不同的是新增時是空白表單，而修改時則已有原始資料，因此應該共用同一個範本，以免未來更動樣式時需要修改兩個檔案（**DRY!**）。因此，將 *articleCreate.html* 更名爲 *articleCreateUpdate.html* 並如下修改：

article/templates/article/articleCreateUpdate.html

```
1   ...
2   {% block css %}
3   <link rel="stylesheet" href="{% static 'article/css/article.css' %}">
4   {% endblock %}
5   {% block heading %}
6     {% if articleForm.instance.id %}
7       修改文章
8     {% else %}
9       新增文章
10    {% endif %}
11  {% endblock %}
12  {% block content %}
13  {% if articleForm.instance.id %}
14    <form method="post" action="{% url 'article:articleUpdate' articleForm.
    instance.id %}">
15  {% else %}
16    <form method="post" action="{% url 'article:articleCreate' %}">
17  {% endif %}
18    {% csrf_token %}
19    ...
20  {% enedblock %}
```

- `{% if articleForm.instance.id %}`：判斷此表單物件是否綁定實例，若是，表示是修改功能，否則就是新增功能，兩者都使用具名 URL 格式：
  - 修改：`action="{% url 'article:articleUpdate' articleForm.instance.id %}"`
  - 新增：`action="{% url 'article:articleCreate' %}"`

  同時也更改 `articleCreate()` 函式中所使用的範本名稱：

article/views.py

```
1   def articleCreate(request):
2       ...
3       template = 'article/articleCreateUpdate.html'
4       ...
```

接下來就來完成 Views 程式吧。

article/views.py

```
1   ...
2   def articleRead(request, articleId):
3       ...
4
5
6   def articleUpdate(request, articleId):
7       '''
8       Update the article instance:
9           ...
10      '''
11      # TODO: finish the code
12      return render(request, 'article/article.html')
13      article = get_object_or_404(Article, id=articleId)
14      template = 'article/articleCreateUpdate.html'
15      if request.method == 'GET':
16          articleForm = ArticleForm(instance=article)
17          return render(request, template, {'articleForm':articleForm})
18
19      # POST
20      articleForm = ArticleForm(request.POST, instance=article)
21      if not articleForm.is_valid():
22          return render(request, template, {'articleForm':articleForm})
23
24      articleForm.save()
25      messages.success(request, '文章已修改')
26      return redirect('article:articleRead', articleId=articleId)
```

- 函式有兩個參數：`request` 與 `articleId`，其中 `articleId` 從 URL 傳進來
- 利用 `get_object_or_404()` 函式查詢，如果找到該物件就指派給變數 `article`，否則回覆 404 頁面並結束函式執行
- 設定修改文章表單的範本爲 *articleCreateUpdate.html*
- `if request.method == 'GET'`:HTTP 請求的方法如果是 GET，表示使用者點擊「修改」按鈕，準備要修改一篇文章

- `articleForm = ArticleForm(instance=article)`：產生一個 Django 表單實例並綁定從資料庫取出的物件，再將此綁定表單指派給 `articleForm` 變數，並透過範本變數 `'articleForm'` 傳至頁面
- `return render(...)`：顯示 `template` 範本，內含綁定表單

■ 如果 HTTP 請求的方法是 POST：表示使用者已修改好資料，並送出表單

- `articleForm = ArticleForm(request.POST, instance=article)`：產生一個 Django 表單而且綁定兩個項目，亦即使用者的輸入資料（`request.POST`）與從資料庫中所取出的資料（instance）
- 如果表單驗證失敗，重新顯示綁定資料的 HTML 表單，內含錯誤訊息，並結束函式
- 如果 Django 表單驗證成功，則儲存表單資料
- 設定成功訊息「文章已修改」
- 最後利用 `redirect(...)` 轉到目的 URL，完成 Post/Redirect/Get 機制

測試：點上方「部落格」導航連結 → 點「簡單學習 Django」標題 → 點「修改」按鈕 → 修改標題或內容資料後「送出」，可看到修改完成訊息。

備註：再談為什麼修改文章要使用 `get_object_or_404()` 函式？

還是有關後端程式的安全性，送出修改文章的表單是 `<form method="post" action="{% url 'article:articleUpdate' articleForm.instance.id %}">`，例如：`action="/article/articleUpdate/20/"`，由於 `instance.id` 是由 Views 程式傳到範本，因此一定可以找到此篇文章。

然而，如前所述，使用者可以在前端做許多我們意想不到的事，例如，在修改文章頁面按下 F12 功能鍵進入開發者環境，使用者可以在 Elements 頁籤裡線上修改 HTML 程式碼，例如將上述的 **20** (`instance.id`) 改為 **2000**，送出之後可能就會找不到該物件了。即使使用者就是系統管理員，開發者還是需要秉持專業的。

10.7 刪除文章

下一個要完成的系統功能：刪除文章。首先撰寫 Views 程式，將處理文章刪除的函式命名爲 articleDelete()，程式邏輯如下：

article/view.py

```
1   ...
2
3   def articleUpdate(request, articleId):
4       ...
5
6
7   def articleDelete(request, articleId):
8       '''
9       Delete the article instance:
10          1. Render the article page if the method is GET
11          2. Get the article to delete; redirect to 404 if not found
12      '''
13      if request.method == 'GET':
14          return redirect('article:article')
15
16      # POST
17      article = get_object_or_404(Article, id=articleId)
18      article.delete()
19      messages.success(request, '文章已刪除')
20      return redirect('article:article')
```

- 函式有兩個參數：request 與 articleId，其中 articleId 從 URL 傳進來
- 函式註解說明程式之邏輯
- if request.method == 'GET'：表示使用者在惡意操弄系統
    - 會如此做的不是一般使用者，而是具備專業水準的使用者，不點按鈕卻在網址欄直接輸入 GET 請求。應付方式：安靜地拒絕，亦即轉址到部落格頁面（即使使用者就是系統管理者），處理 POST 請求必須拒絕 GET 請求

- POST 請求：
  - `article = ...`：取出 id 爲 articleId 的物件，找不到就回覆 404 頁面並結束函式執行
  - `article.delete()`：將取出的文章物件刪除
  - 最後設定「文章已刪除」訊息，並利用 `redirect(...)` 轉向到目的 URL 完成 Post/Redirect/Get 機制

接下來規劃刪除文章之 URL 的格式是 /article/articleDelete/<articleId>/，並在 *urls.py* 裡增加新項目：

article/urls.py

```
1   urlpatterns = [
2       ...
3       path('articleUpdate/<int:articleId>/', views.articleUpdate,
    name='articleUpdate'),
4       path('articleDelete/<int:articleId>/', views.articleDelete,
    name='articleDelete'),
5   ]
```

- 同樣使用參數 articleId 傳遞文章物件的 id
- 處理函式：views.articleDelete，並將此 URL 對應命名爲 articleDelete

接著在文章列表頁面增加一個刪除按鈕：

article/templates/article/article.html

```
1   ...
2   {% for article, comments in articles.items %}
3     <h3 class="inlineBlock"><a href="{% url 'article:articleRead' article.id
    %}">{{ article.title }}</a></h3>
4     <form class="inlineBlock" method="post" action="{% url
    'article:articleDelete' article.id %}">
5       {% csrf_token %}
6       <input class="btn" type="submit" value="刪除">
7     </form>
8     <p>發表時間：{{ article.pubDateTime|date:'Y-m-d H:i' }}</p>
9   ...
```

- 文章標題之 `<h3>` 標籤與 `<form>` 標籤都加上 `class="inlineBlock"` 之 CSS 類別，使兩者可以並列
- `action="{% url 'article:articleDelete' article.id %}">`：使用具名 URL 格式

至部落格頁面，可以看到每篇文章標題右方都有一個刪除按鈕：

測試看看吧：

1. 點擊某篇文章的「刪除」按鈕即可刪除文章
2. 在瀏覽器的 URL 欄位嘗試輸入 `localhost:8000/article/articleDelete/1/` 看看系統反應如何？

刪除資料再次確認

目前使用者按下刪除鈕，該筆資料就直接刪除，但較安全的機制應該是在眞正刪除前還要請使用者再次確認（一般稱爲「防呆機制」），此功能需要撰寫前端程式，在 main App 中新增 *main/static/main/js* 目錄，並在該目錄中新增 *jQuery* 程式檔案：

main/static/main/js/deleteConfirm.js

```
1  $(document).ready(function () {
2    $(document).on('click', '.deleteConfirm', function() {
3      return confirm("確定刪除?");
4    });
5  });
```

在 *base.html* 中建立 Google jQuery 連結，並新增一個 `script` 範本區塊，以方便各個 App 置換所需的程式：

main/templates/main/base.html

```
1  ...
2  {% block content %}{% endblock %}
3  <script src="https://ajax.googleapis.com/ajax/libs/jquery/3.4.1/jquery.min.
   js"></script>
4  {% block script %}{% endblock %}
5  </body>
6  </html>
```

- 其中 `3.4.1` 是 jQuery 版本（本書出版時的最新版），可在 https://developers.google.com/speed/libraries/#jquery 查詢 3.x snippet 最新版本並更正之

然後在 *article.html* 裡的刪除按鈕加上 `deleteConfirm` 之 CSS 類別，並在最後加上 `script` 範本區塊，內容爲連結到 main app 的 *deleteConfirm*.js 程式檔：

article/templates/article/article.html

```
1  ...
2  {% block content %}
3  ...
4  <form class="inlineBlock" method="post" ...>
5    {% csrf_token %}
6    <input class="btn deleteConfirm" type="submit" value="刪除">
7  </form>
8  ...
9  {% endblock %}
10 {% block script %}
11 <script src="{% static 'main/js/deleteConfirm.js' %}"></script>
12 {% endblock %}
```

→ Ctrl-F5 重整頁面後，按下「刪除」按鈕，就會出現確認對話框

10.8 搜尋文章

最後一個功能：使用者可輸入關鍵字來搜尋文章，設計文章搜尋的函式：

article/views.py

```
1  from django.shortcuts import render, redirect, get_object_or_404
2  from django.contrib import messages
3  from django.db.models.query_utils import Q
4
5  ...
6
7  def articleDelete(request, articleId):
8      ...
9
10
11 def articleSearch(request):
12     '''
13     Search for articles:
14         1. Get the "searchTerm" from the HTML form
15         2. Use "searchTerm" for filtering
16     '''
17     searchTerm = request.GET.get('searchTerm')
18     articles = Article.objects.filter(Q(title__icontains=searchTerm) |
19                                       Q(content__icontains=searchTerm))
20     context = {'articles':articles}
21     return render(request, 'article/articleSearch.html', context)
```

- 首先匯入 `Q` 模組，這是 Django 所提供處理搜尋時的「或」條件組合之模組
- 函式註解說明程式邏輯
- 規劃使用者輸入的關鍵字變數名稱為 `searchTerm`，並利用 `request.GET.get()` 函式從 HTML 表單取出名為 `searchTerm` 的輸入欄位值，並指派給變數 `searchTerm`
    - `request.GET` 裡的資料是以 Python 字典結構儲存，因此利用 `.get()` 方法取出資料
    - 如果在 HTML 表單中找不到該變數，`request.GET.get()` 函式會回覆 `None`

- `.filter()`：依照條件篩選資料，規劃：在文章標題及其內容都需要搜尋關鍵字
    - 「或」（Or）條件：Django ORM 使用 `Q()` 函式並以 | 符號串連「或」條件
    - `__icontains=searchTerm`：Django ORM 以雙底線來執行條件比對的方法，例如 `icontains` 為包含某些文字（不分大小寫，Case insensitive），因此：
        - `title__icontains=searchTerm`：查詢標題是否包含搜尋字串
        - `content__icontains=searchTerm`：查詢文章內容是否包含搜尋字串
- ORM 雙底線條件範例：

使用法	意義	範例
`__contains=...`	包含文字（區分大小寫）	`title__contains="Apple"`
`__icontains=...`	包含文字（不分大小寫）	`title__icontains="Apple"`
`__startswith=...`	以 ... 開頭	`title__startswith="App"`
`__endswith=...`	以 ... 結尾	`title__endswith="ple"`
`__gt=...`	大於	`year__gt=2000`
`__gte=...`	大於等於	`year__gte=2000`
`__lt=...`	小於	`year__lt=2000`
`__lte=...`	小於等於	`year__lte=2000`
`__in=...`	在 ... 串列中	`year__in=[2012, 2014, 2016]`

接下來規劃搜尋文章之 URL 的格式是 `/article/articleSearch/`，並在 *urls.py* 裡增加新項目：

article/urls.py

```
1   urlpatterns = [
2       ...
3       path('articleDelete/<int:articleId>/', views.articleDelete, name='articleDelete'),
4       path('articleSearch/', views.articleSearch, name='articleSearch'),
5   ]
```

- 處理函式為 `articleSearch()`，並將此 URL 對應命名為 `articleSearch`

搜尋表單及程序規劃如下：在文章列表上方加入搜尋表單，使用者輸入關鍵字後，轉到搜尋結果頁面，上方依舊有搜尋表單（可以再次搜尋），下方則顯示搜尋結果。既然在兩個頁面都有相同表單，因此獨立出一個範本檔案：

article/templates/article/searchForm.html

```
1  <form class="inlineBlock" action="{% url 'article:articleSearch' %}">
2    <input type="text" name="searchTerm">
3    <input class="btn" type="submit" value="查詢">
4  </form>
```

- 設定 `class="inlineBlock"` CSS 類別，讓查詢按鈕和其後的「新增文章」按鈕可以並列
- 表單預設為 GET 請求，因此未指定 `method`
- `action` 使用具名 URL 格式
- 搜尋欄位為文字資料型態，變數名稱為 `searchTerm`

在文章列表上方加上查詢表單：

article/templates/article/article.html

```
1  ...
2  {% block content %}
3  {% include 'article/searchForm.html' %}
4  <p class="inlineBlock"><a class="btn" href="{% url 'article:articleCreate'
   %}">新增文章</a></p>
5  <br><br>
6  <hr>
7
8  {% for article, comments in articles.items %}
9  ...
```

- 在「新增文章」按鈕加上 `class="inlineBlock"` CSS 類別，以便與查詢按鈕並列，其後再加上兩空行與一橫線以隔開搜尋區與資料區

結果：

建立查詢結果範本：

article/templates/article/articleSearch.html

```
1    {% extends 'main/base.html' %}
2    {% load static %}
3    {% block heading %}查詢結果{% endblock %}
4    {% block css %}
5    <link rel="stylesheet" href="{% static 'article/css/article.css' %}">
6    {% endblock %}
7    {% block content %}
8    {% include 'article/searchForm.html' %}
9    <br><br>
10   <hr>
11
12   {% if not articles %}
13     <p>查無資料</p>
14   {% else %}
15     <table class="table table-striped table-hover">
16       <tr><th>標題</th><th>發表時間</th></tr>
17       {% for article in articles %}
18       <tr>
           <td><a href="{% url 'article:articleRead' article.id %}">{{ article.
19   title }}</a></td>
20         <td>{{ article.pubDateTime|date:'Y-m-d H:i' }}</td>
21       </tr>
22       {% endfor %}
23     </table>
24   {% endif %}
25   {% endblock %}
```

- 繼承 *base.html* 範本，並設定好所需的各區塊內容
- 連結 `article.css`，稍後再設定搜尋結果的表格樣式
- 匯入搜尋表單
- 搜尋結果（`articles`）：
  - 如果沒有資料，顯示「查無資料」訊息
  - 如果有資料，將文章串列以表格顯示標題與發表時間
  - 文章標題加上 `<a href="{% url 'article:articleRead' article.id %}">` 連結，使用者點擊連結，即可閱讀文章

表格加上樣式：

article/static/article/css/article.css

```
1   ...
2
3   input[type=text] {
4     padding: 0.4em;
5   }
6
7   /* Table */
8   .table {
9     margin: 0 auto;
10    width: 90%;
11    border-collapse: collapse;
12  }
13
14  .table th {
15    font-size: 1.1em;
16    padding: 10px 0 10px 10px;
17    text-align: left;
18    background-color: #468cb1;
19    border-bottom: 1px solid black
20  }
21
22  .table td {
23    color: #222222;
```

```
24    background-color: #e0e0e0;
25    padding: 12px 0 12px 10px;
26  }
27
28  .table-striped tr:nth-child(even) td {
29    background-color: #E1F9DC;
30  }
31
32  .table-hover tr:hover td {
33    background-color: #cdeaf0;
34  }
```

測試（需先按 Ctrl-F5）：搜尋空字串，得到所有文章。

目前搜尋後，搜尋字串欄位是空白，使用者看不出來搜尋字串為何，應該要顯示搜尋字串：在 views 中回覆搜尋字串之範本變數，並在範本中顯示：

article/views.py

```
1   ...
2
3   def articleSearch(request):
4       ...
5       context = {'articles':articles, 'searchTerm':searchTerm}
6       return render(request, 'article/articleSearch.html', context)
```

article/templates/article/searchForm.html

```
1  <form class="inlineBlock" action="{% url 'article:articleSearch' %}">
2    <input type="text" name="searchTerm" {% if searchTerm %}value="{{
   searchTerm }}"{% endif %}>
3    <input class="btn" type="submit" value="查詢">
4  </form>
```

測試：會顯示搜尋字串。

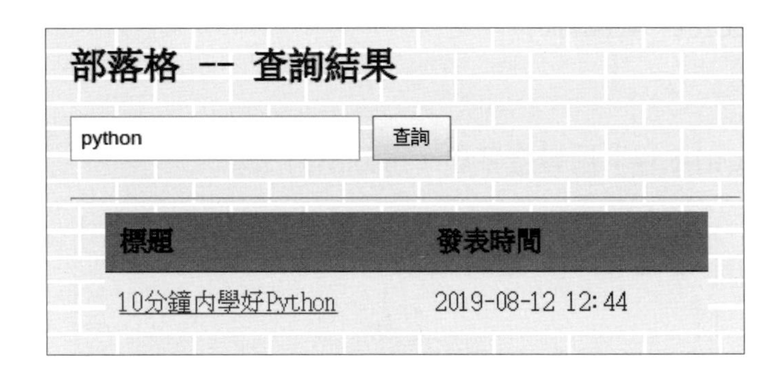

10.9 增讀改刪查大功告成

本章的份量很重，主要牽涉到表單的增讀改刪查五大功能，這是表單的基本功能，也是 Web 系統最重要的目的：和使用者互動。讀者日後接觸較深入後可能也會發覺，一個 Web 系統的開發過程中，花在表單的功夫佔了很大的比例，因此，好好熟悉表單的操作是很重要的。

備註：再談命名

- article app 有許多的變數及檔案，隨便一數就有好幾十個；而一個專案可能會有幾十個 app，因此所需要的名稱就有好幾百個，沒有好的命名規則，那將會是場大災難
- 或許讀者們已經發現作者的命名有一貫的脈絡可循，也就是「所有名稱都和 app 名稱相關」，這樣的命名如果團隊裡的所有開發者都一致，那麼看懂對方的程式將不會是個難題，這也是團隊紀律的一環，需要嚴格遵守，相關命名法在此處做一個小結：

名稱	說明
article	App name
Article	Model class name
ArticleForm	Form class name
articleForm	Form instance name
article.html	Template name
article.css	CSS file name
'article'	Template variable of the article
'articleForm'	Template variable of the article form
/articleCreate/ /articleRead/ /articleUpdate/ /articleDelete/ /articleSearch/	URL formats
articleCreate articleRead articleUpdate articleDelete articleSearch	Function names
articleCreateUpdate.html articleRead.html articleSearch.html	Template names

CRUD + Search 完工！把成果推上雲端吧：

- Right click project → Team → Commit → Commit message: : `Chapter 10 finished` → Commit and Push

10.10 練習

在 bookstore 專案中，撰寫新增、閱讀、修改、刪除及搜尋書籍資料之五大功能。

NOTE

Chapter 11

使用者認證

學習目標

- Django User model 與客製化 User model
- 使用者註冊、登入及登出功能

11.1 使用者認證功能

使用者常用的認證功能有註冊、登入及登出等，我們規劃新增一個 account App 來處理這些功能：

- Right click project → Django → Create application → Name: account → OK

至設定檔之 INSTALLED_APPS 登記新 App：

blog/settings.py

```
1   INSTALLED_APPS = [
2       ...
3       'django.contrib.staticfiles',
4       'account',
5       'article',
6       'main',
7   ]
```

再新增 URL 對應檔案（類似 *main/urls.py*，urlpatterns 暫無內容）：

account/urls.py

```
1   from django.urls import path
2   from account import views
3
4   app_name = 'account'
5   urlpatterns = [
6
7   ]
```

接著，因爲是新 App，需至專案直屬 App 中加入新的 URL 對應，URL 格式爲 account/，亦即在網域後面的第一個字串是 account 的話，就交由 account app 繼續比對：

blog/urls.py

```
1   urlpatterns = [
2       path('admin/', admin.site.urls),
3       path('account/', include('account.urls', namespace='account')),
4       path('article/', include('article.urls', namespace='article')),
5       ...
6   ]
```

Django User model

幾乎所有動態網頁系統都需要使用者的資料與相關功能，因此，Django 內建有 `User` model 及其相關方法，讓開發者方便許多，`User` model 包含以下欄位：

username	password	email	first_name
last_name	last_login	groups	user_permissions
is_staff	is_active	is_superuser	date_joined

客製化 User model

如果預設 `User` model 的欄位已夠用，就可以直接使用；但我們的專案還需要其他欄位，例如：`fullName`, `website`, `address` 等，因此需要建立客製化 `User` model，也因此，原本的資料庫已無法使用，必須重建：

1. 停止伺服器，刪除再重建資料庫（`dropdb`, `createdb`, `grant privileges`）。
2. 刪除所有 App 的遷移檔案（*00*.py*）。

然後，建立客製化 `User` model：

account/models.py

```
1   from django.db import models
2   from django.contrib.auth.models import AbstractUser
3
4
5   class User(AbstractUser):
6       fullName = models.CharField(max_length=128)
7       website = models.URLField(blank=True, null=True)
8       address = models.CharField(max_length=128, blank=True, null=True)
9
10      def __str__(self):
11          return self.fullName + ' (' + self.username + ')'
```

- 匯入 `AbstractUser` 類別。
- 建立客製化 `User` model：繼承 `UserAbstract` 類別（註：Django 內建的 `User` model 也是繼承相同類別），並增加 3 個欄位及 1 個方法：
    - `fullName`：使用者的全名

- website：使用者個人網頁。blank=True：在 HTML 表單中可以不輸入資料。null=True：在資料表中可以是空值
- address：使用者地址，在 HTML 表單中可以不輸入資料，在資料表中可以是空值
- def __str__(...)：預設顯示使用者全名加帳號名稱

如果改用客製化的 User model，就必須在設定檔裡設定，讓 Django 知道 User model 已經改爲 account.User：

blog/settings.py

```
1   ...
2   STATIC_URL = '/static/'
3
4   AUTH_USER_MODEL = 'account.User'
```

接下來，執行資料庫遷移：

Makemigrations：

- Right click project → Django → Custom Command → Command: makemigrations → OK

```
Migrations for 'article':
  article/migrations/0001_initial.py
    - Create model Article
    - Create model Comment
Migrations for 'account':
  account/migrations/0001_initial.py
    - Create model User
```

Migrate：

- Right click project → Django → Migrate

```
Operations to perform:
  Apply all migrations: ...
Running migrations:
  ...
```

> **備註**：需要使用客製化 `User` model 嗎？
>
> Django 強烈建議，如果是新的專案，最好一開始就使用客製化 `User` model（請至 Django 官網查詢 "Customizing authentication in Django"），這樣未來如果欄位有所更動就會方便許多。

原先的資料填充程式是使用預設 `User` model，需要改爲匯入 account App 中的客製化 `User` model：

populate/admin.py

```
1   from populate import base
2   from django.contrib.auth.models import User
3   from account.models import User
4
5
6   def populate():
7       ...
```

populate/users.py

```
1   from populate import base
2   from django.contrib.auth.models import User
3   from account.models import User
4
5
6   def populate():
7       ...
```

至此，客製化 `User` model 的程序已完成，再重新填入新資料：

```
(blogVenv) $ python -m populate.local
Creating admin account ... done
Creating user accounts ... done
```

```
Populating articles and comments ... done
```

將 `User` model 匯入並登記至 admin 頁面：

account/admin.py

```
1   from django.contrib import admin
2   from account.models import User
3
4
5   admin.site.register(User)
```

最後，重啓伺服器並進入管理者頁面，就可以看到「使用者」已移至 Account 項目底下。

11.2 訪客註冊

使用者認證的第一個功能就是提供訪客註冊成為會員，註冊成功之後就有權限使用系統所提供的各項會員功能了。首先，依據 `User` model 建立 `UserForm` 之 Django 表單：

account/forms.py

```
1   from django import forms
2   from account.models import User
3
4
5   class UserForm(forms.ModelForm):
6       username = forms.CharField(label='帳號')
7       password = forms.CharField(label='密碼', widget=forms.PasswordInput)
8       password2 = forms.CharField(label='確認密碼', widget=forms.PasswordInput)
9       fullName = forms.CharField(label='姓名', max_length=128)
10      website = forms.URLField(label='個人網址', max_length=128)
11      address = forms.CharField(label='住址', max_length=128)
12
13      class Meta:
14          model = User
15          fields = ['username', 'password', 'password2', 'fullName', 'website',
    'address']
16
17      def clean_password2(self):
18          password = self.cleaned_data.get('password')
19          password2 = self.cleaned_data.get('password2')
20          if password and password2 and password!=password2:
21              raise forms.ValidationError('密碼不相符')
22          return password2
23
24      def save(self):
25          user = super().save(commit=False)
26          user.set_password(user.password)
27          user.save()
28          return user
```

- 匯入 `forms` 與 `User` model，並建立使用者表單 `UserForm`
- 使用客製化 `User` model 的 `username`, `password`, `fullName`, `website` 與 `address` 欄位，另外再加一個確認密碼欄位 `password2`
- 兩個密碼欄位都使用 Django 表單所提供的 `widget=forms.PasswordInput` 小工具，讓 Django 自動產生 `<input type="password" ...>` HTML 標籤，因此使用者所輸入的密碼不會在頁面顯示
- `class Meta`：指定來源 Model 及所使用欄位
- `def clean_password2(self)`：
  - Django 允許在表單類別裡針對欄位內容撰寫「淨化資料」（Clean data）程式，用來額外處理欄位資料。在此，我們將比對「密碼」及「確認密碼」兩個欄位的資料是否相符，如果不相符就顯示錯誤訊息
  - 淨化某個欄位資料的函式名稱爲 `clean_<fieldName>(self)`，其中 <fieldName> 是欄位的名稱，以本例而言，就是 `password2`
  - 已淨化的欄位儲存在 `self.cleaned_data` 屬性中，其結構是 Python 的字典結構，因此利用 `<variable> = self.cleaned_data.get('<fieldName>')` 指令取出欄位值並指派給變數，此處，我們取出 `password` 及 `password2` 兩欄位的值
  - 如果兩個密碼都有值而且並不相同，則利用 `raise forms.ValidationError('密碼不相符')` 發出例外錯誤（Exception）以顯示驗證錯誤訊息
  - 最後，回覆 `password2` 值
- `def save(self)`：
  - `models.ModelForm` 有預設 `save()` 方法，只要繼承就可以使用（稱爲「父類別的方法」），但我們希望將使用者密碼加密後再儲存，這是額外功能，因此必須撰寫客製化 `save()` 方法
  - 客製化 `save()` 會覆蓋掉父類別的方法，但我們還是需要先執行原方法來產生實例（Instance），因此採用 `user = super().save(comment = False)` 的 Python 執行父類別方法的格式產生實例（`comment = False` 表示暫不儲存），並指派給 `user` 變數，然後再利用 `user.set_password()` 將密碼加密
  - 最後將 `user` 存到資料庫，並回覆 `user` 實例

備註：資料淨化

■ 淨化資料順序

Django 表單依欄位順序來淨化欄位資料，淨化完畢的資料才會存入 self.cleaned_data 變數中，因此，如果我們將 clean_password2() 函式名稱改為 clean_password()，將無法取得 password2 欄位資料（因為尚未淨化）；若函式名稱寫成 clean_password2()，則可以取得 password（因為已淨化完畢）

■ 修改欄位資料

有時候我們需要自動計算某個欄位的資料，可利用淨化資料來設定，例如：

```
class FullNameForm(forms.ModelForm):
    lastName = forms.CharField()
    firstName = forms.CharField()
    fullName = forms.CharField()

    def clean_fullName(self):
        lastName = self.cleaned_data.get('lastName')
        firstName = self.cleaned_data.get('firstName')
        return lastName + firstName
```

■ 總結淨化：def clean(self)

◆ 如果需要額外處理的欄位很多，寫許多 def clean_<fieldName>(self) 函式並不方便

◆ forms.ModelForm 有 clean() 方法，這時候所有欄位都已淨化完畢也均可取得，因此，我們也可以撰寫客製化 clean() 方法，一次處理多個欄位

```
class PriceForm(forms.ModelForm):
    ...

    def clean(self):
        cleanedData = super().clean()
        # 取得許多欄位資料，例如：
        cleanedData['total'] = cleanedData['price'] * cleanedData['amount']
        return cleanedData
```

◆ 自行撰寫的 clean() 函式也會覆蓋父類別的 clean() 函式，但我們還是需要利用父類別的函式來驗證所有資料，因此先執行 super().clean() 指令

完成 Django 表單後，即可撰寫訪客註冊的 Views 程式，如下：

account/views.py

```
1   from django.shortcuts import render, redirect
2   from django.contrib import messages
3
4   from account.forms import UserForm
5
6
7   def register(request):
8       '''
9       Register a new user
10      '''
11      template = 'account/register.html'
12      if request.method == 'GET':
13          return render(request, template, {'userForm':UserForm()})
14
15      # POST
16      userForm = UserForm(request.POST)
17      if not userForm.is_valid():
18          return render(request, template, {'userForm':userForm})
19
20      userForm.save()
21      messages.success(request, '歡迎註冊')
22      return redirect('main:main')
```

- 設定範本為 `register.html`
- 如果是 GET 請求，表示訪客按下註冊連結，因此產生未綁定表單讓訪客填寫註冊資料
- 如果是 POST 請求，表示訪客已輸入註冊資料並送出：
  - 利用 `request.POST` 資料產生綁定表單
  - `.is_valid()`：如果表單驗證失敗，回覆綁定表單並自動顯示錯誤訊息
  - 驗證通過：
    - `user = userForm.save()`：呼叫表單的 `save()` 函式將表單存入資料庫（密碼加密會在表單類別裡執行）

▲ `messages.success(...)`：在使用者成功註冊之後，顯示歡迎字樣

▲ 最後利用 `redirect('main:main')` 轉到首頁，完成 Post/redirect/get 機制

再來規劃 URL 對應，規劃訪客註冊之 URL 格式為 `/account/register/`：

account/urls.py

```
1   from django.urls import path
2   from account import views
3
4
5   urlpatterns = [
6       path('register/', views.register, name='register'),
7   ]
```

在導航選單加上註冊連結：

main/templates/main/menu.html

```
1   <ul id="menu">
2     ...
3     <li><a href="{% url 'article:article' %}">部落格</a></li>
4     <li><a href="{% url 'account:register' %}">註冊</a></li>
5   </ul>
```

最後，建立使用者註冊範本，先新增 *account/templates* 與 *account/templates/account* 兩目錄，再新增以下檔案：

account/templates/account/register.html

```
1   {% extends "main/base.html" %}
2   {% block heading %}註冊{% endblock %}
3   {% block content %}
4   <form method="post" action="{% url 'account:register' %}">
5     {% csrf_token %}
6     {{ userForm.as_p }}
7     <input class="btn" type="submit" value="送出">
8   </form>
9   {% endblock %}
```

- 繼承 *base.html* 範本，並設定好所需的各區塊內容。
- 註冊表單：將 Form class userForm 放在 <form ...> 標籤中。

測試：在註冊頁面填入相關資料，並按下送出按鈕。哇！訪客可以註冊成爲會員了！

首頁 關於 部落格 註冊

部落格 -- 首頁

Django 很棒

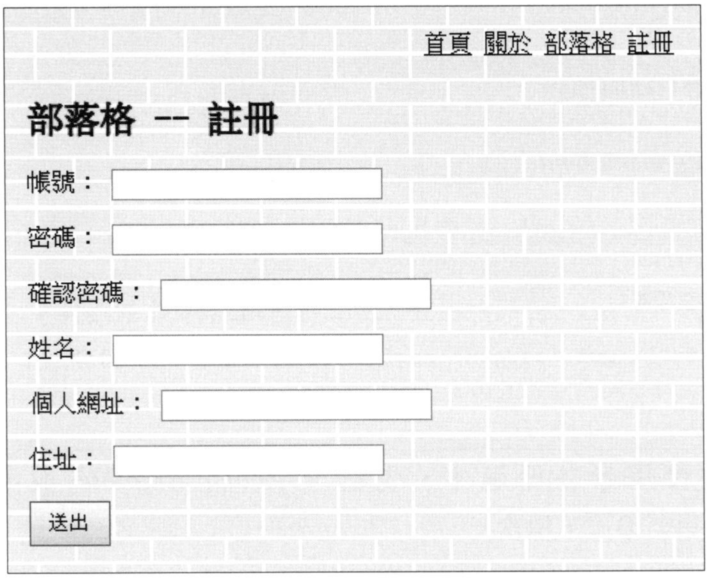

首頁 關於 部落格 註冊

部落格 -- 註冊

帳號：

密碼：

確認密碼：

姓名：

個人網址：

住址：

送出

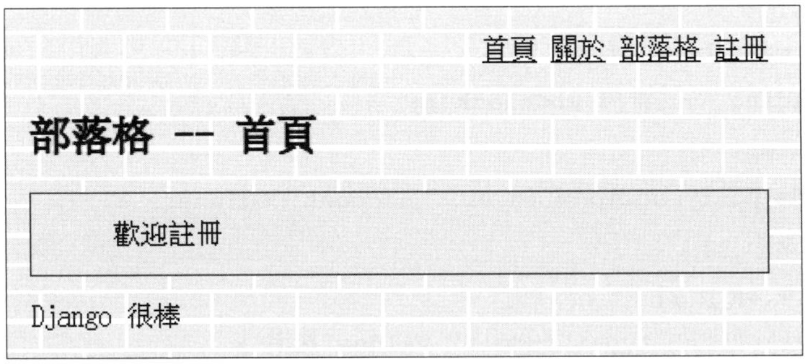

首頁 關於 部落格 註冊

部落格 -- 首頁

歡迎註冊

Django 很棒

備註：有關密碼加密

- 密碼加密是開發者最基本的專業（應該說是「敬業」），曾經見過有開發者居然將密碼原封不動地直接以明碼（Cleartext）儲存到資料庫！眞是令人吐血！
- 密碼是一切資訊安全的基礎，除了使用者自己以外，絕對不能讓任何人知道，包括系統管理者，因此，系統管理者只能「重設」使用者的密碼，不能「看到」使用者的密碼；如果密碼以明碼方式儲存到資料庫，那系統管理者就可以看到所有人的密碼，也就能以任何使用者的身分登入系統了
- 進入管理者頁面，點「使用者」Model，再點某個使用者，可以看到密碼是亂碼，因此管理者無從知道使用者的密碼：

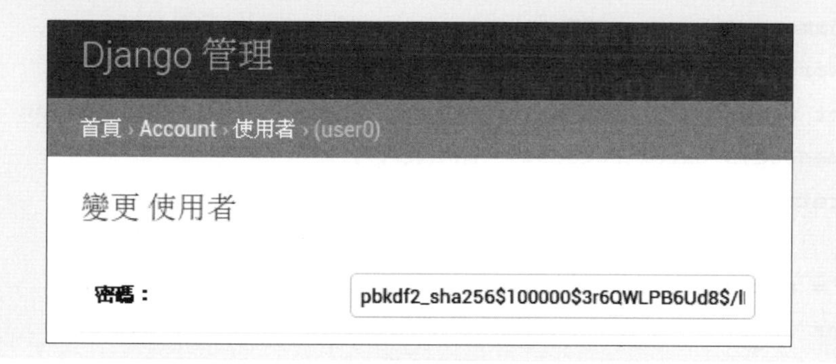

11.3　會員登入

使用者註冊成為會員後，即可登入網站。Django 提供 `authenticate()` 及 `login()` 兩函式，讓撰寫登入程式變得非常簡單：

account/views.py

```
1    from django.shortcuts import render, redirect
2    from django.contrib import messages
3    from django.contrib.auth import authenticate
4    from django.contrib.auth import login as auth_login
5
6    from account.forms import UserForm
7
8
```

```
9   def register(request):
10      ...
11
12
13  def login(request):
14      '''
15      Login an existing user
16      '''
17      template = 'account/login.html'
18      if request.method == 'GET':
19          return render(request, template)
20
21      # POST
22      username = request.POST.get('username')
23      password = request.POST.get('password')
24      if not username or not password:    # Server-side validation
25          messages.error(request, '請填資料')
26          return render(request, template)
27
28      user = authenticate(username=username, password=password)
29      if not user:    # authentication fails
30          messages.error(request, '登入失敗')
31          return render(request, template)
32
33      # login success
34      auth_login(request, user)
35      messages.success(request, '登入成功')
36      return redirect('main:main')
```

- 匯入 `authenticate` 與 `login` 模組，並將 `login` 模組更名為 `auth_login`，因為我們想要稱登入函式為 `login`，因此將 Django 函式改名
- 如果是 GET 請求，表示使用者點選登入連結準備登入，因此顯示 `login.html` 網頁。因為登入程序並不會儲存資料，因此不需要 Django 表單類別，直接刻 HTML 表單就行
- 如果是 POST 請求，表示使用者已輸入登入資料並送出表單
    - 利用 `request.POST.get(...)` 擷取 HTML 表單的 `username` 與 `password` 欄位資料，並執行伺服器端驗證，確認使用者已輸入資料

- 利用 Django 的 `authenticate()` 函式驗證使用者帳號及密碼
- `if not user`：如果驗證失敗（找不到資料相符的使用者），重新顯示網頁與錯誤訊息
- 驗證通過：利用 `auth_login` 函式將使用者登入，設定「登入成功」訊息，並轉向首頁，完成 Post/redirect/get 機制

規劃使用者登入的 URL 格式為 `/account/login/`：

account/urls.py

```
1  ...
2
3  urlpatterns = [
4      path('register/', views.register, name='register'),
5      path('login/', views.login, name='login'),
6  ]
```

在導航選單加上登入連結：

main/templates/main/menu.html

```
1  <ul id="menu">
2    ...
3    <li><a href="{% url 'account:register' %}">註冊</a></li>
4    <li><a href="{% url 'account:login' %}">登入</a></li>
5  </ul>
```

最後，建立使用者登入範本，新增以下檔案：

account/templates/account/login.html

```
1  {% extends "main/base.html" %}
2  {% block heading %}登入{% endblock %}
3  {% block content %}
4  <form method="post" action="{% url 'account:login' %}">
5    {% csrf_token %}
6    <p>使用者名稱：<input type="text" name="username"></p>
7    <p>密碼：<input type="password" name="password"></p>
8    <p><input class="btn" type="submit" value="送出"></p>
9  </form>
10 {% endblock %}
```

- 繼承 *base.html* 範本，並設定好所需的各區塊內容
- 登入表單：由於欄位很少，我們就直接刻 HTML 表單了，有 `username` 與 `password` 兩個輸入欄位

測試：點擊「登入」連結，不輸入資料即送出，會有錯誤訊息：

首頁 關於 部落格 註冊 登入

部落格 -- 登入

請填資料

使用者名稱：

密碼：

送出

「登入」資料輸入正確，即可登入：

首頁 關於 部落格 註冊 登入

部落格 -- 首頁

登入成功

Django 很棒

11.4 會員登出

已登入系統的使用者可以登出網站。Django 提供 `logout()` 函式，讓撰寫登出程式變得非常簡單：

account/views.py

```
1   ...
2   from django.contrib.auth import login as auth_login
3   from django.contrib.auth import logout as auth_logout
4
5   from account.forms import UserForm, UserProfileForm
6
7
8   def login(request):
9       ...
10
11
12  def logout(request):
13      '''
14      Logout the user
15      '''
16      auth_logout(request)
17      messages.success(request, '歡迎再度光臨')
18      return redirect('main:main')
```

- 匯入 `logout` 模組，並更名為 `auth_logout`，因為我們想要稱登出函式為 `logout`，因此將 Django 函式改名
- 利用 `auth_logout()` 函式將使用者登出，然後再設定訊息內容
- 最後轉向首頁，完成 Post/redirect/get 機制

規劃使用者登出的 URL 格式為 `/account/logout/`：

account/urls.py

```
1  ...
2
3  urlpatterns = [
4      ...
5      path('login/', views.login, name='login'),
6      path('logout/', views.logout, name='logout'),
7  ]
```

在導航選單加上登出連結：

main/templates/main/menu.html

```
1  ...
2    <li><a href="{% url 'article:article' %}">部落格</a></li>
3    {% if user.is_authenticated %}
4      <li><a href="{% url 'account:logout' %}">登出 ({{ user.username }})</a></li>
5    {% else %}
6      <li><a href="{% url 'account:register' %}">註冊</a></li>
7      <li><a href="{% url 'account:login' %}">登入</a></li>
8    {% endif %}
9  </ul>
```

- 利用 Django 預設的範本變數 `user` 及 `is_authenticated` 屬性來判斷使用者是否登入。在 *settings.py* 設定檔中，有以下程式碼，這是 Django 範本引擎的相關設定，其中的 `...context_processors.auth'` 就已將認證功能加入，因此直接在範本中可以取得 `user` 物件，不需要從 Views 程式傳入

```
TEMPLATES = [
    ...
            'context_processors': [
                ...
                'django.contrib.auth.context_processors.auth',
                ...
            ],
    ...
]
```

■ 如果在登入狀態就顯示登出連結，並顯示使用者名稱（`user.username`）

■ 如果在登出狀態，則顯示註冊與登入連結

測試：點擊「登出」連結。

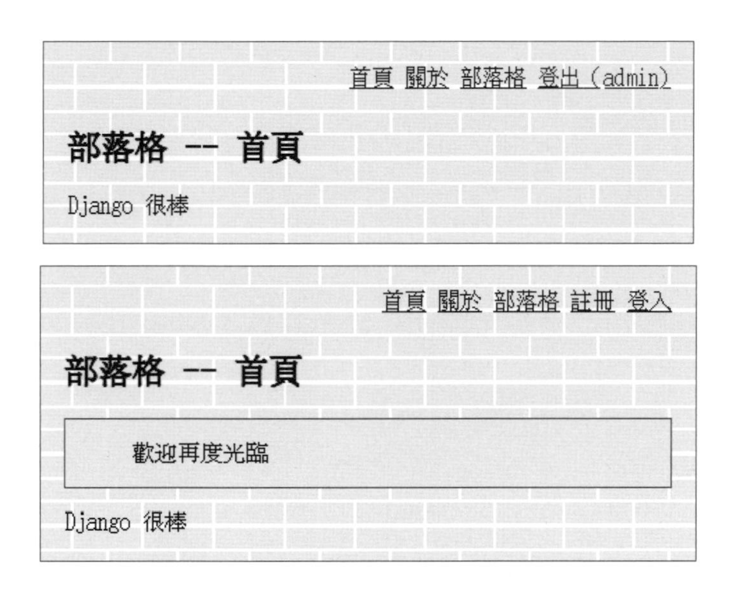

使用者相關功能完成，Push 囉：

■ Right click project → Team → Commit → Commit message: : `Chapter 11 finished` → Commit and Push

11.5　練習

將 bookstore 專案中加入使用者認證之各項功能，包括刪除資料庫、改用繼承 `AbstractUser` 之客製化使用者模型等。

NOTE

Chapter 12

按讚與留言

學習目標

- 資料庫的多對多欄位
- CRUD 基本功能

12.1 資料庫的多對多欄位

我們準備爲會員新增一些閱讀文章的功能，例如：使用者閱讀文章時，如果喜歡這篇文章的話可以按讚。要完成此功能，需要在 `Article` Model 再增加一個 `likes`（喜歡）欄位，以儲存按讚者的帳號：

article/models.py

```
1   from django.db import models
2   from account.models import User
3
4
5   class Article(models.Model):
6       ...
7       pubDateTime = models.DateTimeField(auto_now_add=True)
8       likes = models.ManyToManyField(User)
9
10      def __str__(self):
11          ...
```

- 首先匯入 `User` model
- `ManyToManyField(User)`：多對多欄位，亦即一篇文章可以有許多人按讚，同一個人也可以對許多篇文章按讚

修改 Model 後應立即執行資料庫遷移（讀者應該很熟悉程序了吧！）：

```
makemigrations
migrate
```

接下來撰寫 Views 程式，規劃名爲 `articleLike()` 的函式來處理使用者按讚功能：

article/views.py

```
1   ...
2   def articleSearch(request):
3       ...
4
5
6   def articleLike(request, articleId):
```

```
7       '''
8       Add the user to the 'likes' field:
9           1. Get the article; redirect to 404 if not found
10          2. If the user does not exist in the "likes" field, add him/her
11          3. Finally, call articleRead() function to render the article
12      '''
13      article = get_object_or_404(Article, id=articleId)
14      if request.user not in article.likes.all():
15          article.likes.add(request.user)
16      return articleRead(request, articleId)
```

- 同樣地，利用 `get_object_or_404()` 函式取出物件，找不到就顯示 404 頁面並結束程式
- `if request.user not in article.likes.all()`：判斷 user 是否不在文章的 likes 欄位裡（沒按過讚），接著利用 `article.likes.add()` 將使用者加入 likes 欄位裡，這是 Django 提供多對多欄位的方法
- 最後呼叫 `articleRead()` 函式，再次呈現文章
- 註：
  - `article.likes`：從 article 端存取 user，例如 `article.likes.all()` 可將該文章所有按讚的使用者取出
  - `user.article_set`：從 user 端存取 article，例如 `user.article_set.all()` 可將該使用者所有按讚的文章取出
  - 雖然會改變系統狀態（亦即會寫入資料庫）的請求應該使用 POST 方法，但因一位使用者最多只能加入一次，影響不大，所以採用 GET 方法也不為過

規劃使用者按讚的 URL 格式為 `article/articleLike/<articleId>/`，其中 `<articleId>` 是文章物件在資料庫中的 id：

article/urls.py

```
1   ...
2
3   urlpatterns = [
4       ...
5       path('articleSearch/', views.articleSearch, name='articleSearch'),
6       path('articleLike/<int:articleId>/', views.articleLike, name='articleLike'),
7   ]
```

接下來設定按讚的頁面樣式，首先複製按讚圖示至 *main/static/main/img* 目錄，然後在每篇文章之後顯示按讚圖示及人數：

article/templates/article/article.html

```
1     ...
2     <p>發表時間：{{ article.pubDateTime|date:'Y-m-d H:i' }}</p>
3     <div class="articleContent">{{ article.content|linebreaks|truncatechars_
   html:30 }}</div>
4     <p class=like>
5       <img id=like src="{% static 'main/img/like.png' %}" alt="Like"> {{
   article.likes.count }}
6     </p>
7     {% for comment in comments %}
8   ...
```

- `{{ article.likes.count }}`：在 Django 範本中可以使用 `.count` 屬性來取得多對多欄位的項目數量，亦即按讚的人數

再來加上樣式：設定按讚人數顏色及字體，影像上下置中對齊文字。

article/static/article/css/article.css

```
1   ...
2   .table-hover tr:hover td {
3     background-color: #cdeaf0;
4   }
5
6   .like {
7     font-weight: bold;
8     color: #3e7bd1;
9   }
10
11  img#like {
12    vertical-align: middle;
13    width: 1.6em;
14  }
```

結果如下：

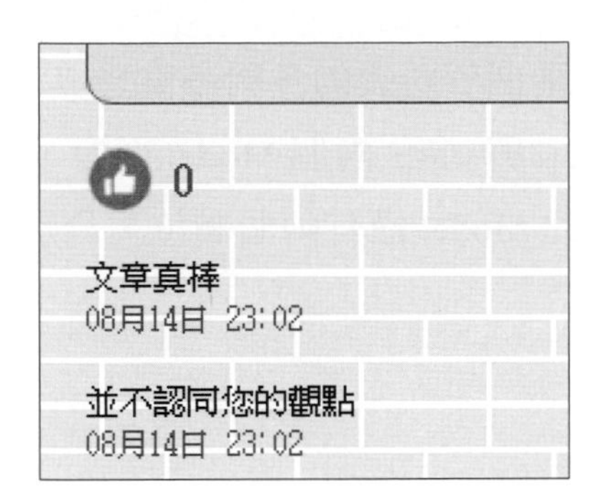

此外，在閱讀文章頁面，除顯示按讚人數外，再加上「讚」連結，讓使用者可以點擊：

article/templates/article/articleRead.html

```
1   ...
2   <div class="articleContent">{{ article.content|linebreaks }}</div>
3   <p class=like>
4     <img id=like src="{% static 'main/img/like.png' %}" alt="Like"> {{ article.
    likes.count }}
5     {% if user.is_authenticated %}
6       <a href="{% url 'article:articleLike' article.id %}">讚</a>
7     {% endif %}
8   </p>
9   {% for comment in comments %}
10    ...
```

- 登入的使用者才看得到「讚」連結。

結果如下：

備註：多對多關聯

資料庫管理的教科書會說：兩個資料表的多對多關聯其實是透過建立一個新的資料表來實現；以上述的 Article 與 User 兩個 Model 而言，應該建立一個名為 Like 的 Model 來實作多對多關聯，此 Model 僅有兩個欄位，分別是 Article 及 User 的外來鍵，如下：

```
class Like(models.Model):
    article = models.ForeignKey(Article)
    User = models.ForeignKey(User)
```

熟悉資料庫規劃的讀者對此應該不陌生吧！

那麼，在 Django 的引擎蓋下（Under the hood），多對多關聯是如何實作的呢？不要感到太意外，就是如此做的！只是，Django 提供更為簡潔的表示法：一個多對多欄位就好了。

12.2 顯示留言者

目前文章的留言並未顯示留言者；如果要顯示，就必須在 Comment model 新增 user 欄位，是 User model 的外來鍵：

article/models.py

```
1  ...
2
3  class Comment(models.Model):
4      article = models.ForeignKey(Article, on_delete=models.CASCADE)
5      user = models.ForeignKey(User, on_delete=models.CASCADE)
6      content = models.CharField(max_length=128)
7      ...
```

由於本次 Model 異動是新增一個欄位，而且是必填，待會兒執行 makemigrations 時會詢問所有舊資料該填什麼欄位內容，這時候需要填入一個實際的外來鍵資料。因此，我們可以先到管理者頁面，點擊某個使用者並記下其 id（例如：http://localhost:8000/admin/auth/user/id/change/）。

接著執行 **makemigrations**：

```
You are trying to add a non-nullable field 'user' to comment without a default; we
can't
do that (the database needs something to populate existing rows).
Please select a fix:
  1) Provide a one-off default now (will be set on all existing rows with a null
value for this column)
  2) Quit, and let me add a default in models.py
Select an option: 1
```

輸入 1，亦即選擇統一設定爲某個使用者：

```
Please enter the default value now, as valid Python
The datetime and django.utils.timezone modules are available, so you can do e.g.
timezone.now
Type 'exit' to exit this prompt
>>> id
```

此處輸入先前記下的 `id`：

```
Migrations for 'article':
  article/migrations/0002_comment_user.py
    - Add field user to comment
```

再來執行 **migrate** 完成資料庫遷移。

```
Operations to perform:
  Apply all migrations: account, admin, article, auth, contenttypes, sessions
Running migrations:
  Applying article.0002_comment_user... OK
```

再次修改填充程式，原先建立 admin 與 users 的程式裡並無 `fullName` 資料，現在建立：

populate/admin.py

```
1   ...
2
3   def populate():
4       print('Creating admin account ... ', end='')
5       User.objects.all().delete()
```

```
6       User.objects.create_superuser(username='admin', password='admin',
    email=None, fullName='管理者')
7       print('done')
8
9   ...
```

populate/users.py

```
1   ...
2
3   def populate():
4       print('Creating user accounts ... ', end='')
5       User.objects.exclude(is_superuser=True).delete()
6       for i in range(5):
7           username = 'user' + str(i)
8           User.objects.create_user(username=username, password=username,
    email=None, fullName=username)
9       print('done')
10
11  ...
```

設定文章的留言者均爲管理者（或其他使用者）：

populate/article.py

```
1   from populate import base
2   from account.models import User
3   from article.models import Article, Comment
4
5   ...
6
7   def populate():
8       ...
9       admin = User.objects.get(is_superuser=True)
10      for title in titles:
11          ...
12              Comment.objects.create(article=article, user=admin, content=comment)
13      ...
```

- 匯入 User model
- 利用 get() 函式取出欄位 is_superuser=True 之帳號（即管理者），並指派給 admin 變數
- 新增每筆留言時，都設定留言者爲管理者：user=admin

重新執行填充程式（先啓用虛擬環境，並 cd 到專案根目錄）：

```
(blogVenv)$ python -m populate.local
Creating admin account ... done
Creating user accounts ... done
Populating articles and comments ... done
```

現在可以在留言左方加入留言者了：

article/templates/article/article.html

```
1   ...
2     <div class="commentDiv">
3       <span class="commentAuthor">{{ comment.user.fullName }}</span>
4       <span class="comment">{{ comment.content }}</span>
5       ...
6     </div>
7   ...
```

- 透過 user 外來鍵欄位取出 fullName 欄位資料。

article/templates/article/articleRead.html

```
1   ...
2     <div class="commentDiv">
3       <span class="commentAuthor">{{ comment.user.fullName }}</span>
4       <span class=comment>{{ comment.content }}</span>
5       ...
6     </div>
7   ...
```

最後，設定 CSS 樣式：

article/static/article/css/article.css

```
1  ...
2  
3  .commentDiv {
4    margin-top: 1em;
5  }
6  
7  .comment, .commentAuthor {
8    font-size: 0.8em;
9  }
10 
11 .commentAuthor {
12   font-weight: bold;
13   color: #186caf;
14 }
15 
16 .commentTime {
17   ...
18 }
19 ...
```

測試：文章下方顯示留言者與留言。

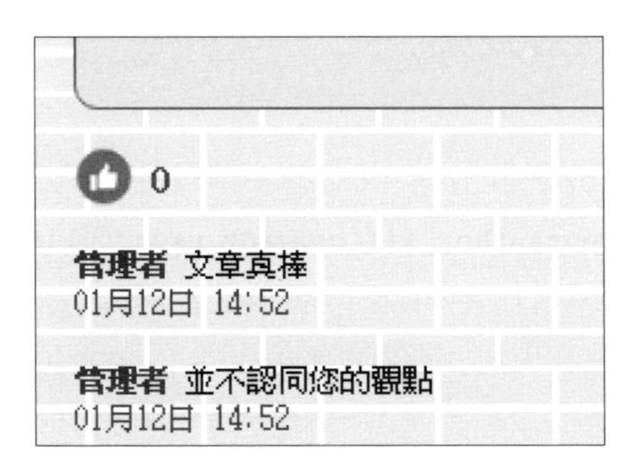

12.3 新增留言

針對使用者留言我們再增加一些功能，第一個是使用者在閱讀文章時可以留言，規劃 Views 程式中加入 **commentCreate()** 函式來處理：

article/views.py

```
1   def articleLike(request, articleId):
2       ...
3
4
5   def commentCreate(request, articleId):
6       '''
7       Create a comment for an article:
8           1. Get the "comment" from the HTML form
9           2. Store it to database
10      '''
11      if request.method == 'GET':
12          return articleRead(request, articleId)
13
14      # POST
15      comment = request.POST.get('comment')
16      if comment:
17          comment = comment.strip()
18      if not comment:
19          return redirect('article:articleRead', articleId=articleId)
20
21      article = get_object_or_404(Article, id=articleId)
22      Comment.objects.create(article=article, user=request.user, content=comment)
23      return redirect('article:articleRead', articleId=articleId)
```

- `if request.method == 'GET'`：規劃將使用 POST 方法來留言，因此，如果方法是 GET，呼叫 `articleRead(...)` 重新顯示此篇文章
- `comment = request.POST.get('comment')`：從 HTML 表單中擷取 `comment` 資料，並指派給變數 `comment`
- `if comment`：如果使用者有輸入資料（包括空白），利用 `.strip()` 函式刪除字串前後的空白

- `if not comment`：如果刪除前後空白後，`comment` 成爲空字串，就不儲存資料，轉址重新顯示該篇文章，完成 Post/redirect/get 機制
- 利用 `get_object_or_404()` 函式取出文章，找不到就回覆 404 頁面並結束程式
- `Comment.objects.create(...)`：建立一筆留言，並設定所屬文章、留言者及留言內容
- `return redirect(...)`：轉址顯示該篇文章，並完成 Post/redirect/get 機制

規劃新增留言的 URL 格式爲 `article/commentCreate/<articleId>/`，其中 `<articleId>` 是文章物件在資料庫中的 id：

article/urls.py

```
1   ...
2
3   urlpatterns = [
4       ...
5       path('articleLike/<int:articleId>/', views.articleLike, name='articleLike'),
6
7       path('commentCreate/<int:articleId>/', views.commentCreate,
    name='commentCreate'),
8   ]
```

在閱讀文章頁面，如果使用者已登入，就在最後一筆留言之下建立留言表單，讓使用者可以留言：

article/templates/article/articleRead.html

```
1   ...
2   {% for comment in comments %}
3     ...
4   {% endfor %}
5   {% if user.is_authenticated %}
6     <br>
7     <form method="post" action="{% url 'article:commentCreate' article.id %}">
8       {% csrf_token %}
9       <input type="text" name="comment"  placeholder="留言 ...">
10      <input class="btn" type="submit" value="送出">
11    </form>
12    <br><br>
13  {% endif %}
14  {% endblock %}
```

測試：

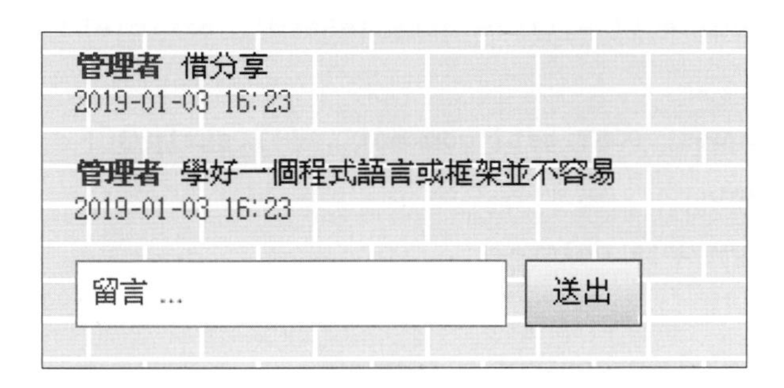

12.4　修改留言

使用者也可以修改留言，但要注意一點：只能修改「自己」的留言，這點偶爾會疏忽！規劃新增 `commentUpdate()` 函式來處理留言修改功能：

article/views.py

```
1    def commentCreate(request, articleId):
2        ...
3
4
5    def commentUpdate(request, commentId):
6        '''
7        Update a comment:
8            1. Get the comment to update and its article; redirect to 404 if not found
9            2. If it is a 'GET' request, return
10           3. If the comment's author is not the user, return
11           4. If comment is empty, delete the comment, else update the comment
12       '''
13       commentToUpdate = get_object_or_404(Comment, id=commentId)
14       article = get_object_or_404(Article, id=commentToUpdate.article.id)
15       if request.method == 'GET':
16           return articleRead(request, article.id)
17
18       # POST
19       if commentToUpdate.user != request.user:
```

```
20            messages.error(request, '無修改權限')
21            return redirect('article:articleRead', articleId=article.id)
22
23        comment = request.POST.get('comment', '').strip()
24        if not comment:
25            commentToUpdate.delete()
26        else:
27            commentToUpdate.content = comment
28            commentToUpdate.save()
29        return redirect('article:articleRead', articleId=article.id)
```

- 利用 `get_object_or_404()` 函式分別取出擬修改的留言及其文章，任何一筆資料找不到就回覆 404 頁面並結束程式
- `if request.method == 'GET'`：修改留言應該也規劃爲 POST 請求，因此，如果請求的方法是 GET，呼叫 `articleRead()` 重新顯示此文章，並結束此函式
- `if commentToUpdate.user != request.user`：如果留言作者並非登入之使用者，就顯示無修改權限警訊，並轉址到閱讀文章頁面。這是個重要的安全機制，一般瀏覽器都可以在按下 F12 功能鍵時進入開發者環境並呈現 HTML 碼（當然，這是專業人士才懂的！），此時也可動態修改 HTML 內容，因此使用者可以修改留言表單中的 **commentId** (`<form ... action="/article/commentUpdate/commentId/">`)，然後送出表單，其結果就是修改了他人的留言，駭客不可不防
- 再來利用 `request.POST.get(..., '').strip()` 函式取得留言並刪除前後空白。注意，此處指定 `.get()` 方法如果找不到變數就回覆空字串而不是 `None`，以免執行 `.strip()` 方法時會當掉
- 刪除留言的前後空白後，如果結果是空字串，就刪除此份留言（空白留言等於沒有留言），否則修改留言內容後儲存
- 最後轉址重新顯示此文章，完成 Post/redirect/get 機制

規劃修改留言的 URL 格式爲 `article/commentUpdate/<commentId>/`，其中 `<commentId>` 是留言物件在資料庫中的 `id`：

article/urls.py

```
1  ...
2
3  urlpatterns = [
4      ...
5
6      path('commentCreate/<int:articleId>/', views.commentCreate,
   name='commentCreate'),
7      path('commentUpdate/<int:commentId>/', views.commentUpdate,
   name='commentUpdate'),
8  ]
```

在閱讀文章頁面，區分登入者的留言與他人的留言，是登入者的留言才顯示修改表單：

article/templates/article/articleRead.html

```
1  ...
2  {% for comment in comments %}
3    <div class=commentDiv>
4      <span class="commentAuthor">{{ comment.user.fullName }}</span>
5      {% if comment.user != user %}
6        <span class="comment">{{ comment.content }}</span>
7      {% else %}
8        <form class="inlineBlock" method="post" action="{% url
   'article:commentUpdate' comment.id %}">
9          {% csrf_token %}
10         <input type="text" name="comment" value="{{ comment.content }}">
11         <input class="btn" type="submit" value="修改">
12       </form>
13     {% endif %}
14     <br>
15     <span class="commentTime">{{ comment.pubDateTime|date:'Y-m-d H:i'}}</span>
16   </div>
17 {% endfor %}
18 ...
```

- 如果留言者不是登入者，就僅顯示留言內容
- 否則（留言者就是登入者）顯示表單，內含留言內容輸入框及送出按鈕

測試：以 user0 登入、留言，並修改留言，但無法修改管理者的留言：

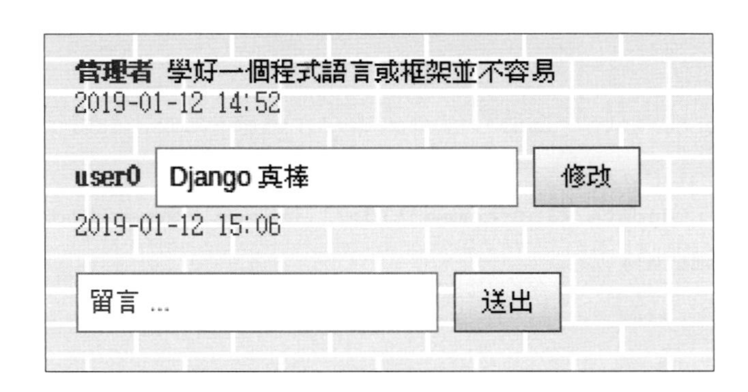

試著當個駭客：在瀏覽器按下 F12 進入開發者環境，在 HTML 碼中找到修改留言的表單 `<form ... action="/article/commentUpdate/`**`commentId`**`/">`，試試看將最後的數字改為一個存在的留言 `id`，然後按下「修改」鈕，結果：

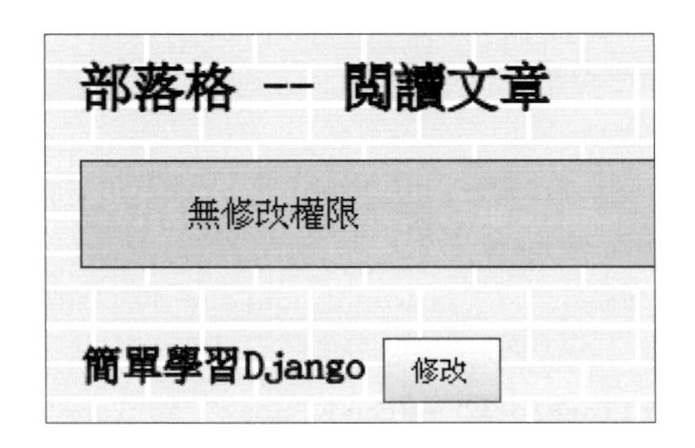

12.5 刪除留言

使用者也可以刪除留言，同樣地只能刪除「自己」的留言。規劃新增 commentDelete() 函式來處理留言刪除功能：

article/views.py

```
1   def commentUpdate(request, commentId):
2       ...
3
4
5   def commentDelete(request, commentId):
6       '''
7       Delete a comment:
8           1. Get the comment to update and its article; redirect to 404 if not found
9           2. If it is a 'GET' request, return
10          3. If the comment's author is not the user, return
11          4. Delete the comment
12      '''
13      comment = get_object_or_404(Comment, id=commentId)
14      article = get_object_or_404(Article, id=comment.article.id)
15      if request.method == 'GET':
16          return articleRead(request, article.id)
17
18      # POST
19      if comment.user != request.user:
20          messages.error(request, '無刪除權限')
21          return redirect('article:articleRead', articleId=article.id)
22
23      comment.delete()
24      return redirect('article:articleRead', articleId=article.id)
```

- 利用 get_object_or_404() 函式分別取出擬刪除的留言及其文章，任何一筆資料找不到就回覆 404 頁面並結束程式
- 如果請求的方法是 GET，呼叫 articleRead() 重新顯示此文章，並結束此函式
- 接著也同樣判斷所要刪除的留言的作者是否就是登入者本人，如果不是，顯示警訊並轉址到閱讀文章頁面

■ 最後，刪除留言並轉址重新顯示此文章，完成 Post/redirect/get 機制

規劃刪除留言的 URL 格式為 `article/commentDelete/<commentId>/`，其中 `<commentId>` 是留言物件在資料庫中的 id：

article/urls.py

```
1   ...
2
3   urlpatterns = [
4       ...
5
6       path('commentUpdate/<int:commentId>/', views.commentUpdate,
    name='commentUpdate'),
7       path('commentDelete/<int:commentId>/', views.commentDelete,
    name='commentDelete'),
8   ]
```

在閱讀文章頁面，區分登入者的留言與他人的留言，是登入者的留言才顯示刪除表單：

article/templates/article/articleRead.html

```
1   ...
2   {% for comment in comments %}
3     <div class=commentDiv>
4       <span class="commentAuthor">{{ comment.user.fullName }}</span>
5       {% if comment.user != user %}
6         <span class="comment">{{ comment.content }}</span>
7       {% else %}
8         <form class="inlineBlock" method="post" action="{% url
    'article:commentUpdate' comment.id %}">
9           {% csrf_token %}
10          <input type="text" name="comment" value="{{ comment.content }}">
11          <input class="btn" type="submit" value="修改">
12        </form>
13        <form class="inlineBlock" method="post" action="{% url
    'article:commentDelete' comment.id %}">
14          {% csrf_token %}
15          <input class="btn deleteConfirm" type="submit" value="刪除">
```

```
16          </form>
17        {% endif %}
18        <br>
19        <span class="commentTime">{{ comment.pubDateTime|date:'Y-m-d H:i'}}</span>
20      </div>
21    {% endfor %}
22    ...
23
24    {% endblock %}
25
26    {% block script %}
27      <script src="{% static 'main/js/deleteConfirm.js' %}"></script>
28    {% endblock %}
```

- 如果留言者是登入者，就加入刪除留言的表單，設定 class="inlineBlock" 讓刪除按鈕與修改按鈕並列，刪除按鈕加上 deleteConfirm 之 CSS 類別，因此，使用者刪除留言時會出現確認刪除之對話框
- 最後加上匯入 deleteConfirm.js 之 JavaScript 程式檔

測試：user0 可刪除自己的留言。

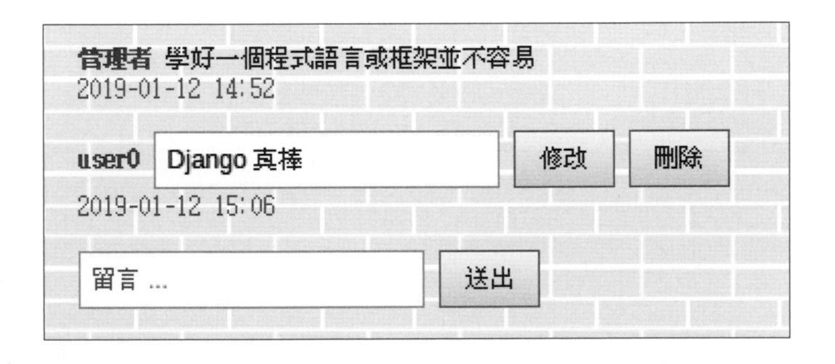

備註：修改及刪除文章的安全機制

問：爲什麼我們在留言的修改或刪除部分有判斷作者的安全機制；而在部落格文章的修改或刪除就沒有導入此機制？

答：很簡單，作者就是管理者，管理者要如何惡整 * 自己 * 的資料，那是他 / 她的權利。

本章所有的工作完成，Push 收工：

- Right click project → Team → Commit → Commit message: : `Chapter 12 finished` → Commit and Push

12.6 練習

在 bookstore 專案中新增功能：會員可以輸入範圍爲 1~5 的整數書評點數，系統需能顯示每本書的平均點數。

Chapter 13

存取限制

學習目標

- 網站資訊安全
- 未登入者存取限制
- 非管理者存取限制
- 網頁存取限制

13.1 資訊安全

謹記，動態網頁系統的兩大重點：速度與安全。前幾章曾經針對使用者是否登入而在範本中做了存取限制，例如：

```
{% if user.is_authenticated %}
  <a href="{% url 'article:articleLike' article.id %}">讚</a>
{% endif %}
```

這樣的防禦機制能達成資訊安全的目標嗎？答案是否定的！雖然未登入的訪客看不到「讚」連結，但「專業」的訪客其實可以在瀏覽器的 URL 欄位直接輸入 http://.../article/articleLike/1/。此外，許多開發者會撰寫 JavaScript 程式在前端進行資料驗證（Data validation），期待送到後端的資料都正確，不會將垃圾資料（例如 2019/30/40 日期）存入資料庫。但如前所述，在一般瀏覽器按下 F12 功能鍵後會進入開發者環境，在這個環境中可以線上修改 HTML 碼；此外，使用者還可以設定停用 JavaScript，使前端驗證完全癱瘓！因此，所有前端的安全控制或資料驗證，都只能騙騙非專業的人士，絕對無法防堵惡意使用者。例如，常見的資料驗證是某些輸入欄必須輸入資料，否則無法送出表單。大部分的開發者依靠的是 `<input ... required>` 裡的 `required` 特性，把資料驗證交由瀏覽器來負責。其實要破解很簡單，就按下 F12 到開發者環境裡刪除 `required` 即可。

那麼，資訊安全到底如何有效把關？答案：關鍵在後端！前端是否執行安全維護或資料驗證都可以，做與不做只是使用者的體驗不同而已，但後端的資訊安全則是非做不可！

13.2 未登入者存取限制

我們系統所提供的會員功能，包括按讚以及新增、修改與刪除留言等，都是需要登入後才有權限，未登入的訪客是沒有權限使用的。Django 提供一個 Python decorator（裝飾器）稱爲 `@login_required`，當置於某函式前面時，使用者必須登入才能執行該函式，這樣的存取控制是在後端，因此是無法破解的。接下來，將 article app 裡所有需要會員登入才能執行的函式加上權限控制：

article/views.py

```
1   ...
2   from django.db.models.query_utils import Q
3   from django.contrib.auth.decorators import login_required
4
5   ...
6
7   @login_required
8   def articleLike(request, articleId):
9       ...
10
11  @login_required
12  def commentCreate(request, articleId):
13      ...
14
15  @login_required
16  def commentUpdate(request, commentId):
17      ...
18
19  @login_required
20  def commentDelete(request, commentId):
21      ...
```

- 匯入 `login_required` 模組
- 在需要登入才有權限的函式前面加上 Python 裝飾器 `@login_required`，因此，只有登入的使用者才能執行該函式

測試：試試看登出後，在瀏覽器輸入 `localhost:8000/article/commentCreate/<articleId>/`，結果不會顯示閱讀文章頁面，而會導向首頁。

在 account app 裡也有函式需要設定登入限制，例如，登入的使用者才能使用登出功能（沒登入，哪兒來的登出？）：

account/views.py

```
1  ...
2  from django.contrib.auth import logout as auth_logout
3  from django.contrib.auth.decorators import login_required
4
5  ...
6
7  @login_required
8  def logout(request):
9      ...
```

測試：在未登入的情況下，在瀏覽器輸入 localhost:8000/account/logout/，結果不會出現「歡迎再度光臨」訊息，也會導向首頁。

設定轉向登入頁面的 URL

Django 提供一個轉址機制，我們可以在設定檔指定當使用者被 @login_required 拒絕後，就將頁面轉到登入頁面，以方便使用者登入：

blog/settings.py

```
1  ...
2
3  AUTH_USER_MODEL = 'account.User'
4
5  LOGIN_URL = '/account/login/'
```

- 設定 LOGIN_URL 爲登入的網址 /account/login/，login_required() 函式會將未登入的使用者轉至此頁面，要求登入

  測試：

- 未登入之使用者在瀏覽器的 URL 輸入 localhost:8000/account/logout/ 會被轉到登入頁面，且瀏覽器的 URL 欄位內容爲 localhost:8000/account/login/?next=/account/logout/

- 未登入之使用者在瀏覽器的 URL 輸入 `localhost:8000/article/commentCreate/<articleId>/` 會被轉至登入頁面，且瀏覽器的 URL 欄位內容為 `localhost:8000/account/login/?next=/article/commentCreate/<articleId>/`
- 以上 Django 除了轉到登入頁面外，還附加原本使用者要去的網址，也就是說，我們可以再加點功能讓使用者登入成功後，可以自動轉到該網址，使用者就可以繼續他們之前想進行的工作了

登入後自動轉址

既然 Django 在將使用者轉到登入頁面時，會自動附上使用者原先擬執行的目的 URL（`?next=/...`），我們可以在使用者成功登入後，轉指到目的 URL。作法是：在使用者登入時取得此項訊息，亦即 `login()` 函式在處理 GET 請求時取得目的 URL，並以隱藏欄位置入登入表單，等到處理 POST 請求時再次取得此項資訊，如果登入正確，就將使用者轉到目的 URL。首先在 `login()` 的 GET 請求時取得 `next` 值：

account/views.py

```
1   def login(request):
2       ...
3       template = 'account/login.html'
4       if request.method == 'GET':
5           return render(request, template, {'nextURL':request.GET.get('next')})
6
7       # POST
8       ...
```

- 如果是 GET 請求，透過 `.get()` 方法取得 `next` 值，並指派給 `nextURL` 範本變數（因 `next` 名稱是保留字，故使用 `nextURL` 名稱）。

接著在 *login.html* 範本裡的表單中加上隱藏欄位：

account/tempaltes/account/login.html

```
1     ...
2     <p>密碼：<input type="password" name="password"></p>
3     {% if nextURL %}
4       <input type="hidden" name="nextURL" value="{{ nextURL }}">
5     {% endif %}
6     <p><input type="submit" value="送出"></p>
7     ...
```

■ 如果 Views 程式有傳入 `nextURL` 範本變數，就加入一個隱藏欄位（`<input type="hidden">`），並設定其值

最後在 `login()` 函式處理 POST 請求時判斷是否轉址：

account/views.py

```
1   def login(request):
2       ...
3
4       # POST
5       ...
6
7       # login success
8       auth_login(request, user)
9       nextURL = request.POST.get('nextURL')
10      if nextURL:
11          return redirect(nextURL)
12      messages.success(request, '登入成功')
13      return redirect('main:main')
```

如果登入表單裡可以取得 nextURL，就轉址。

備註：無狀態系統

瀏覽器與伺服器之間的通訊協定稱爲 HTTP 協定，HTTP 是一種無狀態的協定（Stateless protocol）；也就是說，伺服器不會保留瀏覽器請求裡的任何資訊，每次連結都像全新的連結一般，因此稱爲無狀態。此外，在雲端的環境中，從同一個瀏覽器發出的兩次請求也有可能分別由不同的伺服器來處理，請求的狀態更不可能保存。

要保留伺服器狀態有下列幾種方法：

■ 將資料存入資料庫，這樣每次處理請求時，伺服器都可以到資料庫取用資料，狀態就可以持續

■ 將資料儲存在 Session 或 Cookies 中

■ 將資料透過網頁接力傳送，例如上述的 `nextURL` 變數首先在 `login()` 函式的 GET 部分取得，然後將其隱藏在表單中，最後又透過 POST 請求送回 `login()` 函式，這是在前後兩個請求之間傳遞少量資料常用的手法

13.3 非管理者存取限制

許多部落格文章相關的函式，例如：新增、修改、刪除等，必須是管理者才能執行，我們可以自行撰寫 admin_required 裝飾器，如同 login_required 一般，當置於某函式前面的時候，使用者必須以管理者身分登入才能執行該函式，這樣的存取控制也是無法破解的。規劃在 main app 裡撰寫 admin_required，以便各個 app 共用：

account/views.py

```
1   from django.shortcuts import render, redirect
2   from django.contrib import messages
3   from django.urls.base import reverse
4
5   ...
6
7   def about(request):
8       ...
9
10
11  def admin_required(func):
12      def auth(request, *args, **kwargs):
13          if not request.user.is_superuser:
14              messages.error(request, '請以管理者身份登入')
15              return redirect(reverse('account:login') + '?next=' + request.
    get_full_path())
16          return func(request, *args, **kwargs)
17      return auth
```

- 首先匯入 redirect, messages 與 reverse，其中 reverse 的功能是將具名 URL 轉爲實際的 URL 格式
- admin_required 裝飾器：如果使用者並非超級使用者，轉址到登入頁面（並加上 next 參數），要求以管理者身分登入。redirect(...) 函式的參數是「登入網址再串接登入成功後所需轉的網址」
- 裝飾器函式較難理解，在此不做深入解釋，有興趣的讀者請自行了解 Python 裝飾器的寫法

有了 admin_required 權限控制，我們就可以在只有管理員才能執行的函式前面加上裝飾器，例如新增、修改及刪除文章的函式：

article/views.py

```
...

from article.forms import Article, Comment
from main.views import admin_required

...

@admin_required
def articleCreate(request):
    ...

@admin_required
def articleUpdate(request, articleId):
    ...

@admin_required
def articleDelete(request, articleId):
    ...
```

測試：在非管理者登入狀態下輸入網址 localhost:8000/article/articleCreate/，結果：

部落格 -- 登入

請以管理者身份登入

使用者名稱：

密碼：

送出

13.4 網頁的存取限制

在各個網頁中，也有些按鈕應該只有管理者才看得到，例如 *article.html* 範本中的「新增文章」與「刪除」文章兩個按鈕：

article/tempaltes/article/article.html

```
1   ...
2   {% include 'article/searchForm.html' %}
3   {% if user.is_superuser %}
4     <p class="inlineBlock"><a class="btn inlineBlock" href="{% url
    'article:articleCreate' %}">新增文章</a></p>
5   {% endif %}
6   <br><br><hr>
7   ...
8     <h3 class="inlineBlock"><a href="{% url 'article:articleRead' article.id
    %}">%{{ article.title %}}</a></h3>
9     {% if user.is_superuser %}
10      <form class="inlineBlock" method="post" action="{% url
    'article:articleDelete' article.id %}">
11        {% csrf_token %}
12        <input class="btn deleteConfirm" type="submit" value="刪除">
13      </form>
14    {% endif %}
15    <p>發表時間：%{{ article.pubDateTime|date:'Y-m-d H:i' %}}</p>
16  ...
```

articleRead.html 範本中的「修改」文章亦同：

article/tempaltes/article/articleRead.html

```
1   ...
2   <h3 class="inlineBlock">%{{ article.title %}}</h3>
3   {% if user.is_superuser %}
4     <a class="btn inlineBlock" href="{% url 'article:articleUpdate' article.id
    %}">修改</a>
5   {% endif %}
6   <p>發表時間：%{{ article.pubDateTime|date:'Y-m-d H:i' %}}</p>
7   ...
```

測試：以訪客、非管理者與管理者身分分別登入，並嘗試執行各種系統功能。

存取限制是網站安全非常重要的工作，絲毫馬虎不得，專業的系統開發者一定會很小心處理這個部分的。本章至此結束，將結果 Push 到 Github 上吧：

- Right click project → Team → Commit → Commit message: : `Chapter 13 finished` → Commit and Push

13.5 練習

在 bookstore 專案中加入各式存取限制。

Chapter 14

部署專案

學習目標

- 雲端運算與 Heroku
- Heroku 相關設定
- 部署至 Heroku
- 後續專案部署

14.1 雲端運算

雲端運算（Cloud computing）是一種基於網際網路的運算方式，在雲端的環境中，服務商提供硬體或軟體的租借，因此使用者不需投入軟硬體的建置即可取得資源，成本大為降低，而且用多少付多少，沒有資源閒置的問題，也無管理成本，是一種非常經濟的模式，這也是未來主要的運算模式。

雲端運算服務型態

- 設備即服務（Infrastructure as a Service, IaaS）

  供應商提供主機、儲存空間與網路資源等硬體設施供使用者租用，使用者需自行安裝作業系統、資料庫管理系統、網路伺服器、其他工具與自己的應用程式。這就好像租了一間空屋，住戶需要自行購置家具並負清潔與管理的責任。常見的 IaaS 供應商有 Amazon EC2, Google Compute Engine, Rackspace, GoGrid, Microsoft, HP, AT&T, OpSource 等。

- 平台即服務（Platform as a Service, PaaS）

  供應商提供可以部署動態網頁系統的平台、主機、儲存空間、網路資源、作業系統、網路伺服器、資料庫管理系統、開發工具與各種管理工具等供使用者租用。使用者僅需專注自己所開發的應用程式即可，其餘均交由供應商負責。就好像住進飯店，只管自己的工作，其餘的家具與清潔打掃等都交給飯店來負責。常見的 PaaS 供應商有 Heroku, Google App Engine, Windows Azure, Force.com, Cloud Foundry, PythonAnyWhere 等。

- 軟體即服務（Software as a Service, SaaS）

  供應商提供軟體供使用者租用，使用者透過瀏覽器與網路即可使用軟體，最主要的優點如下：

  - 簡單：只需網路與瀏覽器，無需安裝其他軟體
  - 成本低：無需購置額外設備
  - 可伸縮：用多少付多少

  常見的 SaaS 供應商有 Salesforce.com, Google Suite, TurboTax, Zoho, QuickBooks, Clarizen 等。

■ 儲存即服務（Storage as a Service, StaaS）

供應商提供雲端的儲存空間供使用者租用，有以下兩種型態：

- 一般型：使用者可上載、下載、備份，有些提供線上編輯，例如：Google drive, Dropbox, Box.net, SugarSync, Mozy, Zmanda 等
- 程式型：使用者可透過應用程式存取資料，例如：Amazon Simple Storage Service (S3), Google cloud storage (GS) 等

Heroku 的 PaaS 服務

Heroku 公司於 2007 年創立並提供 PaaS 服務，於 2010 年被 Salesforce 併購。Heroku 本身架構在 Amazon EC2 的 IaaS 服務上，並提供多種應用程式架構，例如 Python, Node.js, Ruby, Java, PHP, Go, Scala and Play, Clojure 等。也支援多種資料庫，例如 Postgres, SQLite3, MySQL (ClearDB) 等。此外，Heroku 還提供大量的系統管理插件，可直接安裝後使用，使用者不需要自己開發。

將開發好的系統上載到線上伺服器正式營運的過程稱爲「部署」（Deployment），我們會將我們的系統從本機端上推到 Github，然後從 Github 部署到 Heroku 上，即可正式上線營運。Heroku 與 Github 的整合做得很好，按一個鍵就可以將專案從 Github 部署到 Heroku，非常方便。

14.2 Heroku 相關設定

部署系統到 Heroku 之前的設定如下：

1. 在虛擬環境安裝 `django-toolbelt`，此套件包含：`gunicorn, dj-database-url, dj-static`

```
(blogVenv)$ pip install django-toolbelt
```

2. 在專案根目錄新增以下三個檔案：

■ *Procfile*：指定應用程式伺服器爲 `gunicorn` ，並使用 *blog.wsgi* 模組爲 Python 與伺服器的溝通介面

blog/Procfile

```
1  web: gunicorn blog.wsgi --log-file -
```

- *requirements.txt*：指定需安裝的套件清單，此檔案是在專案根目錄下執行以下指令來自動產生，不要人工編輯

  ```
  (blogVenv)$ pip freeze > requirements.txt
  ```

  - 檔案裡一定要有 Django 項目，如此 Heroku 才能確定是 Django 專案
  - 每次在本機端新增或修改安裝套件，一定要再次執行 `pip freeze` 指令，以確保 *requirements.txt* 裡記錄的內容確實和實際安裝的套件相符

- *runtime.txt*：指定應用程式的執行環境所使用的 Python 版本（依據 Heroku 規格）

blog/runtime.txt

```
1  python-3.7.6
```

  - 檢 查 Heroku 支 援 的 Python 版 本： 為 https://devcenter.heroku.com/articles/python-support#supported-runtimes

因此，專案目錄架構如下：

blog/
  account/
  article/
  blog/
  main/
  populate/
  manage.py
  Procfile
  requirements.txt
  runtime.txt

3. 在設定檔加入 Heroku 資料庫與靜態檔案目錄等設定：

blog/settings.py

```
1   ...
2   DEBUG = True
3   if 'DYNO' in os.environ:    # Running on Heroku
4       DEBUG = False
5
6   ...
7
8   # Database
9   # https://docs.djangoproject.com/en/1.8/ref/settings/#databases
10
11  if DEBUG:    # Running on the development environment
12      DATABASES = {
13          'default': {
14              'ENGINE': 'django.db.backends.postgresql',
15              'NAME': 'blogdb',
16              'USER': 'blog',
17              'PASSWORD': 'blog',
18              'HOST': 'localhost',
19              'PORT': '',      # Set to empty string for default.
20          }
21      }
22  else:    # Running on Heroku
23      # Parse database configuration from $DATABASE_URL
24      import dj_database_url
25      DATABASES = {'default':dj_database_url.config()}
26      # Honor the 'X-Forwarded-Proto' header for request.is_secure()
27      SECURE_PROXY_SSL_HEADER = ('HTTP_X_FORWARDED_PROTO', 'https')
28
29  ...
30
31  LOGIN_URL = '/account/login/'
32
33  # For Heroku deployment
34  STATIC_ROOT = 'staticfiles'
```

- `if 'DYNO' ...`：`DYNO` 是 Heroku 的獨有環境變數，藉此判斷專案是在 Heroku 上執行或是在本機端執行，若是在 Heroku 環境，則將 `DEBUG` 設為 `False`
  - `DEBUG = False`：細節的錯誤訊息不會在使用者瀏覽器顯示，亦即系統上線後，不能透漏過多的訊息給使用者，以確保系統安全
- `if DEBUG: ... else: ...`：如果在 Heroku 上執行，則改用 Heroku 的資料庫，這些指令是依照 Heroku 制定的規格
- 最後設定 `STATIC_ROOT = 'staticfiles'`，讓 Heroku 在部署時可順利執行 `collectstatic` 指令，將所有靜態檔案複製到專案下的 *staticfiles* 目錄

4. 修改 *wsgi.py* 檔案，若在雲端則改用 Heroku 所提供的反向代理伺服器 Cling：

blog/wsgi.py

```
1  ...
2
3  application = get_wsgi_application()
4
5  from blog.settings import DEBUG
6  if not DEBUG:    # Running on Heroku
7      from dj_static import Cling
8      application = Cling(get_wsgi_application())
```

- WSGI（Web Server Gateway Interface）：網站伺服器閘道介面，是 Python 網頁程式和伺服器溝通的介面
- 匯入 `DEBUG` 變數進行判斷，如果是假（亦即是在 Heroku 執行），則將 Heroku 的反向代理伺服器 `Cling` 架在前面，負責處理：
  - 靜態檔案請求，就直接從 *staticfiles* 目錄裡送出
  - 動態網頁請求，就轉給應用程式伺服器 `Gunicorn` 處理

5. 在本機端安裝 Heroku CLI，之後就可執行 Heroku 所提供的 CLI 指令，在各平台安裝 Heroku CLI：

- Ubuntu：

```
$ sudo snap install --classic heroku
```

- Windows：
  至 Heroku 官網下載 Heroku CLI 套件（Windows 64-bit installer，檔名：*heroku-x64.exe*）並安裝。
- Mac：

```
$ brew tap heroku/brew && brew install heroku
```

14.3 撰寫雲端填充程式

系統部署完成後，也需要資料填充，因此我們新增生產環境的資料填充程式：

populate/production.py

```
1  from populate import base
2  from account.models import User
3
4  print('Creating admin account ... ', end='')
5  User.objects.create_superuser(username='admin', password='xxxxxxxx',
   email=None, fullName='管理者')
6  print('done')
```

- 在生產環境中，我們一開始只建立一筆管理者帳號資料，其餘使用者或是文章及留言等測試資料均不建立
- 這時候管理者密碼（xxxxxxxx）就非常重要了，應該使用安全程度高的密碼

14.4 遷移檔案納入版本控制

因為生產環境中只有一套資料庫，不像在開發環境，每個開發者有自己的資料庫，因此所有遷移檔案都必須保留，以記錄雲端資料庫遷移過程。這需要將遷移檔案納入版本控制，一併部署到雲端。刪除 *.gitignore* 裡的 `00*.py` 項目：

.gitignore

```
1  *~
2  __pycahe__
3  *.pyc
4  00*.py
```

- 如果是第一次部署，可以將所有遷移檔案全部刪除，然後執行 `makemigrations`，以建立最初始的遷移檔案來進行部署

  接著就可以將專案上推到 Github，準備開始部署：

- Right click project → Team → Commit → Commit message: : `Ready to deploy` → Commit and Push

14.5 部署至 Heroku

以下為部署專案至 Heroku 的步驟：

1. 至 Heroku 註冊帳號：至 Heroku 官網 https://www.heroku.com/ 註冊 → Pick your development language: `Python` → 驗證電子信箱

2. 登入 Heroku，點右上方的 9 個藍色點圖示，然後點選 Dashboard。

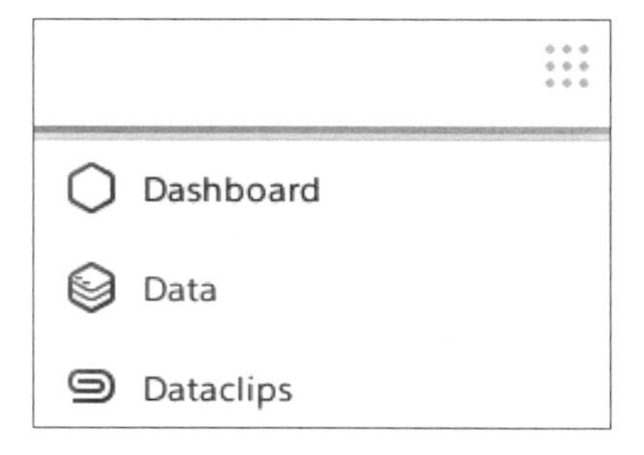

3. 建立新 App：點右上方「New」按鈕 → Create new app → App name: `<appName>`, Choose a region: `United States (or Europe)` → Create App（註：Heroku 的 app name space 是所有使用者共用，因此 app 名稱不可重複，`blog` 名稱可能早已被使用，因此需改用其他名稱，例如：作者的 `<appName>` 為 `blog12345`）。

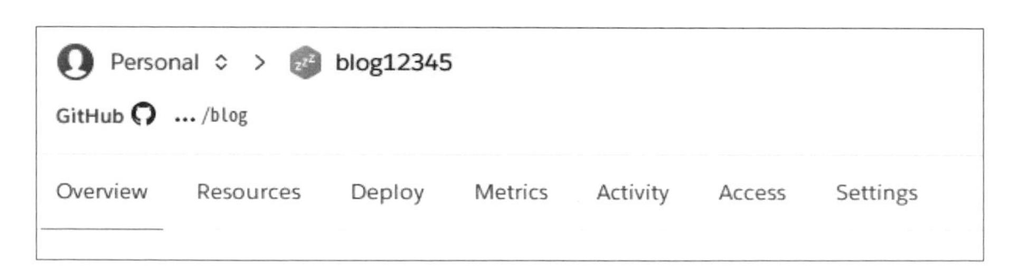

4. 設定 Github 連結並部署：點「Deploy」頁籤 → Deployment method: `Github` → 在 repo-name 欄位填入 `blog` → Search → Connect

Search for a repository to connect to

... | blog | Search

Missing a GitHub organization? Ensure Heroku Dashboard has team access.

... /blog | Connect

5. 開始部署：點「Deploy Branch」

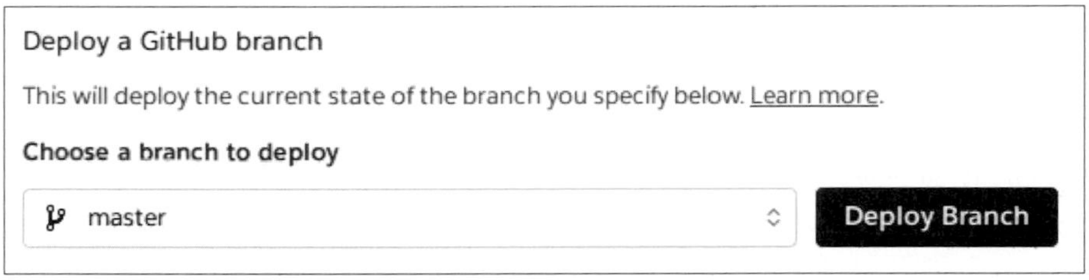

Deploy a GitHub branch

This will deploy the current state of the branch you specify below. Learn more.

Choose a branch to deploy

master | Deploy Branch

```
-----> Python app detected
-----> Installing python-3.7.5
-----> Installing pip
-----> Installing SQLite3
-----> Installing requirements with pip
       Collecting...
         Downloading ...
         ...
       Successfully installed ...
       $ python manage.py collectstatic --noinput
       xxx static files copied to '/tmp/build_.../staticfiles'.
-----> Discovering process types
       Procfile declares types -> web
-----> Compressing...
       Done: xxxM
-----> Launching...
       Released
       https://<appName>.herokuapp.com/ deployed to Heroku
```

以上訊息說明在部署過程中會執行 collectstatic，也就是將所有靜態檔案全部複製到 staticfiles 目錄中（--noinput：一次完成，使用者不用再輸入任何資料）。

可登入 Heroku 觀察部署結果（以下指令 -i 爲 Interactive 之意）：

```
$ heroku login -i
heroku: Enter your login credentials
Email [xxx@xxx.xxx]: xxx@xxx.xxx
Password: xxxxxxxx
Logged in as xxx@xxx.xxx

$ heroku run bash -a <appName>
Running bash on ...

$ ls -l
drwx------ 6 u13281 dyno 4096 Oct 23 14:47 article
drwx------ 3 u13281 dyno 4096 Oct 23 14:47 blog
drwx------ 6 u13281 dyno 4096 Oct 23 14:47 main
-rwx------ 1 u13281 dyno  802 Oct 23 14:43 manage.py
drwx------ 2 u13281 dyno 4096 Oct 23 14:43 populate
-rw------- 1 u13281 dyno   36 Oct 23 14:43 Procfile
-rw------- 1 u13281 dyno  125 Oct 23 14:43 requirements.txt
-rw------- 1 u13281 dyno   12 Oct 23 14:43 runtime.txt
drwx------ 5 u13281 dyno 4096 Oct 23 14:47 staticfiles

$ cd staticfiles
```

可看到子目錄結構如下：

```
staticfiles/
    admin/
        css/
        fonts/
        img/
        js/
    article/
        css/
    main/
        css/
        img/
        js/
```

登出 Heroku：

```
$ exit
```

7. 執行雲端資料庫遷移（因遷移檔 *00*.py* 均已部署到雲端，因此僅需執行 `Migrate` 指令）

```
$ heroku run python manage.py migrate -a <appName>
Running python manage.py migrate on  ...
Operations to perform:
  Apply all migrations: ...
Running migrations:
  Applying ... OK
  ...
```

8. 啓動 Heroku DYNO

```
$ heroku ps:scale web=1 -a <appName>
Scaling dynos... done, now running web at 1:Free
```

測試系統是否可以執行：在瀏覽器 URL 輸入 `http://<appName>.herokuapp.com/` 並確認系統運作正常，然後執行生產環境的填充程式：

```
$ heroku run python -m populate.production -a <appName>
Running python -m populate.production on ...
Creating admin account ... done
```

檢查執行紀錄：

```
$ heroku logs -a <appName>
```

查看 Heroku 所配置的資源：在 Heroku 頁面點「Overview」或「Resource」頁籤，可以看到目前 Heroku 配置一個 Postgres 資料庫以及一個免費 dyno。

Overview Resources Deploy Metrics Activity Access Settings

Installed add-ons $0.00/month Configure Add-ons

Heroku Postgres Hobby Dev
postgresql-convex-85886

Dyno formation $0.00/month Configure Dynos

This app is using **free** dynos

web gunicorn blog.wsgi --log-file - ON

Heroku 另提供許多插件工具：在 Resources 頁籤 → FIND MORE ADD-ONS。

如果已有網域，可進行轉址：需先輸入信用卡資料，點「Settings」頁籤 → Add domain → Domain name: xxx.xxx.xxx → Save changes。

備註：DYNO 型態與資料庫方案

- Heroku 提供許多 DYNO 型態：
  https://devcenter.heroku.com/articles/dyno-types#available-dyno-types
- Heroku 的資料庫方案：
  https://elements.heroku.com/addons/heroku-postgresql#dev
  https://devcenter.heroku.com/articles/heroku-postgres-plans

14.6　後續部署

部署成功後，系統就正式上線營運了，若之後程式有修改，則先 Push 至 Github，再部署至 Heroku 以更新程式。若需要修改 Model，程序如下：

- 確認只有一個開發者進行 Model 修改
- 修改後在本機端執行 `Makemigrations` 來產生新的遷移檔案（*00*.py*）
- Push 至 Github
- 部署至 Heroku
- 在 Heroku 執行 `Migrate`
- 其他開發者 Pull from Github

14.7　練習

將 bookstore 專案部署到雲端、遷移資料庫並執行資料填充程式。

NOTE

（請由此線剪下）

歡迎加入 全華會員

● 會員獨享

會員享購書折扣、紅利積點、生日禮金、不定期優惠活動…等。

● 如何加入會員

填妥讀者回函卡直接傳真（02）2262-0900 或寄回，將由專人協助登入會員資料，待收到 E-MAIL 通知後即可成為會員。

如何購買 全華書籍

1. 網路購書

全華網路書店「http://www.opentech.com.tw」，加入會員購書更便利，並享有紅利積點回饋等各式優惠。

2. 全華門市、全省書局

歡迎至全華門市（新北市土城區忠義路 21 號）或全省各大書局、連鎖書店選購。

3. 來電訂購

(1) 訂購專線：(02) 2262-5666 轉 321-324

(2) 傳真專線：(02) 6637-3696

(3) 郵局劃撥（帳號：0100836-1　戶名：全華圖書股份有限公司）

※　購書未滿一千元者，酌收運費 70 元。

全華網路書店 www.opentech.com.tw
E-mail: service@chwa.com.tw

※ 本會員制如有變更則以最新修訂制度為準，造成不便請見諒。

廣　告　回　信
板橋郵局登記證
板橋廣字第540號

行銷企劃部　收

23671 新北市土城區忠義路 21 號
全華圖書股份有限公司

（請由此線剪下）

讀者回函卡

填寫日期：　　/　　/

姓名：＿＿＿＿＿＿ 生日：西元＿＿＿年＿＿＿月＿＿＿日 性別：□男 □女

電話：（ ）＿＿＿＿ 傳真：（ ）＿＿＿＿ 手機：＿＿＿＿

e-mail：（必填）＿＿＿＿＿＿

註：數字零，請用 Φ 表示，數字 1 與英文 L 請另註明並書寫端正，謝謝。

通訊處：□□□□□

學歷：□博士 □碩士 □大學 □專科 □高中・職

職業：□工程師 □教師 □學生 □軍・公 □其他

學校 / 公司：＿＿＿＿ 科系 / 部門：＿＿＿＿

・需求書類：

□ A. 電子 □ B. 電機 □ C. 計算機工程 □ D. 資訊 □ E. 機械 □ F. 汽車 □ I. 工管 □ J. 土木

□ K. 化工 □ L. 設計 □ M. 商管 □ N. 日文 □ O. 美容 □ P. 休閒 □ Q. 餐飲 □ B. 其他

・本次購買圖書為：＿＿＿＿ 書號：＿＿＿＿

・您對本書的評價：

封面設計：□非常滿意 □滿意 □尚可 □需改善，請說明＿＿＿＿

內容表達：□非常滿意 □滿意 □尚可 □需改善，請說明＿＿＿＿

版面編排：□非常滿意 □滿意 □尚可 □需改善，請說明＿＿＿＿

印刷品質：□非常滿意 □滿意 □尚可 □需改善，請說明＿＿＿＿

書籍定價：□非常滿意 □滿意 □尚可 □需改善，請說明＿＿＿＿

整體評價：請說明＿＿＿＿

・您在何處購買本書？

□書局 □網路書店 □書展 □團購 □其他＿＿＿＿

・您購買本書的原因？（可複選）

□個人需要 □幫公司採購 □親友推薦 □老師指定之課本 □其他＿＿＿＿

・您希望全華以何種方式提供出版訊息及特惠活動？

□電子報 □ DM □廣告（媒體名稱＿＿＿＿）

・您是否上過全華網路書店？（www.opentech.com.tw）

□是 □否 您的建議＿＿＿＿

・您希望全華出版那方面書籍？＿＿＿＿

・您希望全華加強那些服務？＿＿＿＿

～感謝您提供寶貴意見，全華將秉持服務的熱忱，出版更多好書，以饗讀者。

全華網路書店 http://www.opentech.com.tw　　客服信箱 service@chwa.com.tw

2011.03 修訂

親愛的讀者：

感謝您對全華圖書的支持與愛護，雖然我們很慎重的處理每一本書，但恐仍有疏漏之處，若您發現本書有任何錯誤，請填寫於勘誤表內寄回，我們將於再版時修正，您的批評與指教是我們進步的原動力，謝謝！

全華圖書　敬上

勘　誤　表

書　號		書　名		作　者	
頁　數	行　數	錯誤或不當之詞句		建議修改之詞句	

我有話要說：（其它之批評與建議，如封面、編排、內容、印刷品質等・・・）